不可不[知的]
海洋名字故事

BUKE BUZHI DE
HAIYANG MINGZI GUSHI

武鹏程
编著

图说海洋
TUSHUO HAIYANG
世界之大，无奇不有
世界之奇，尽在海洋

海洋出版社
北京

图书在版编目（CIP）数据

不可不知的海洋名字故事 / 武鹏程编著. —— 北京：海洋出版社，2025.1. —— ISBN 978–7–5210–1370–2

Ⅰ．P7-49

中国国家版本馆CIP数据核字第20242L6K70号

图说海洋

不可不知的
海洋名字故事

BUKE BUZHI DE
HAIYANG MINGZI GUSHI

总 策 划：刘　斌		总编室：（010）62100034	
责任编辑：刘　斌		网　　址：www.oceanpress.com.cn	
责任印制：安　淼		承　　印：侨友印刷（河北）有限公司	
排　　版：海洋计算机图书输出中心　晓阳		版　　次：2025年1月第1版	
出版发行：海洋出版社		2025年1月第1次印刷	
地　　址：北京市海淀区大慧寺路8号		开　　本：787mm×1092mm 1/16	
100081		印　　张：10	
经　　销：新华书店		字　　数：180千字	
发 行 部：（010）62100090		定　　价：59.00元	

本书如有印、装质量问题可与发行部调换

前　言

　　名字是被他人认识、甄别的一个符号，能在海洋史上留下一笔的，其背后都关联着许多的人或事，也是一个时代的烙印。

　　本书详细地介绍了世界各处海洋中名字背后的故事，有以探险者的名字、故事等命名的地名和动物名称，如麦哲伦海峡、太平洋、复活节岛、麦哲伦企鹅等；还有海洋历史中因战争、科技更迭而出现的各种船只、武器和技术，如乌鸦式战舰、龟船、"暴怒"号、水雷、指南针等。此外，本书中还收录了一些常见的物品，它们在航海家们探索海洋的过程中，被带到了世界各地，如雪茄、茶叶、蔗糖、胡椒等，它们的名字几乎烙印在每个人的心中。

　　每一个与海洋相关的名字，它的背后或许是一段波澜壮阔的航海探海历程，让人们铭记那个风云变幻的时代；或许与时代洪流密切相关，伴随着航海人的足迹传遍世界各地；或许是因航海技术的更迭，作为一个标志而存在，在某个时期闯下了赫赫威名；还有一些名字则是因为它们本身的特征而广为人知。

　　每一个与海洋相关的名字，都是一段值得人去品味的历史，都有一个或有趣、或厚重、或耐人寻味的故事。

目　录

地名背后隐藏的秘密

麦哲伦海峡 —— 最曲折的海峡，害了多少航海家　/1
北角 —— 真正的世界尽头　/5
白令海峡 —— 沟通北冰洋和太平洋的唯一航道　/8
太平洋 —— 平静的海洋　/11
大西洋 —— 中国人眼中位于西方的大洋　/13
印度洋 —— 通往黄金国度的海洋　/17
北冰洋 —— 正对大熊座的海洋　/21
檀香山 —— 太平洋的十字路口　/24
巴西 —— 以红木命名　/27
复活节岛 —— 我主复活了的土地　/31

王子岛 —— 王室成员的囚禁所 /36

雷克雅未克 —— 冒着烟的无烟城市 /38

格陵兰岛 —— 海盗吹嘘的"绿色的土地" /42

圣萨尔瓦多 —— 哥伦布登陆美洲的第一块土地 /47

毛里求斯岛 —— 以荷兰莫里斯王子的名字命名 /50

美洲 —— 谁是第一个登陆美洲的人 /56

好望角 —— 通往东方的希望 /57

温哥华岛 —— 超有"英伦范"的岛 /59

巴巴多斯岛 —— 长有胡子的岛屿 /65

南塔克特岛 —— 遥远之地 /69

巴哈马群岛 —— 浅滩 /72

科技名字背后的秘密

乌鸦式战舰 —— 罗马海军战胜迦太基的法宝 /76
螺旋桨 —— 来自阿基米德的启发 /80
飞剪式帆船 —— 能劈浪前进 /85
"鹦鹉螺"号 —— 名字来自《海底两万里》 /89
郑和宝船 —— 运宝之船 /91
"海上君王"号 —— 金色魔鬼 /94
法布尔水机 —— 世界上第一架水上飞机 /99
"竞技神"号 —— 航母鼻祖 /102
水雷 —— 中国人发明的大杀器 /106
撑杆雷、杆雷艇 —— 鱼雷、鱼雷艇的前身 /110
白头鱼雷 —— 世界上最早的鱼雷 /113
锚 —— 海员的守护神 /118
指南针 —— 中国古代四大发明之一 /122

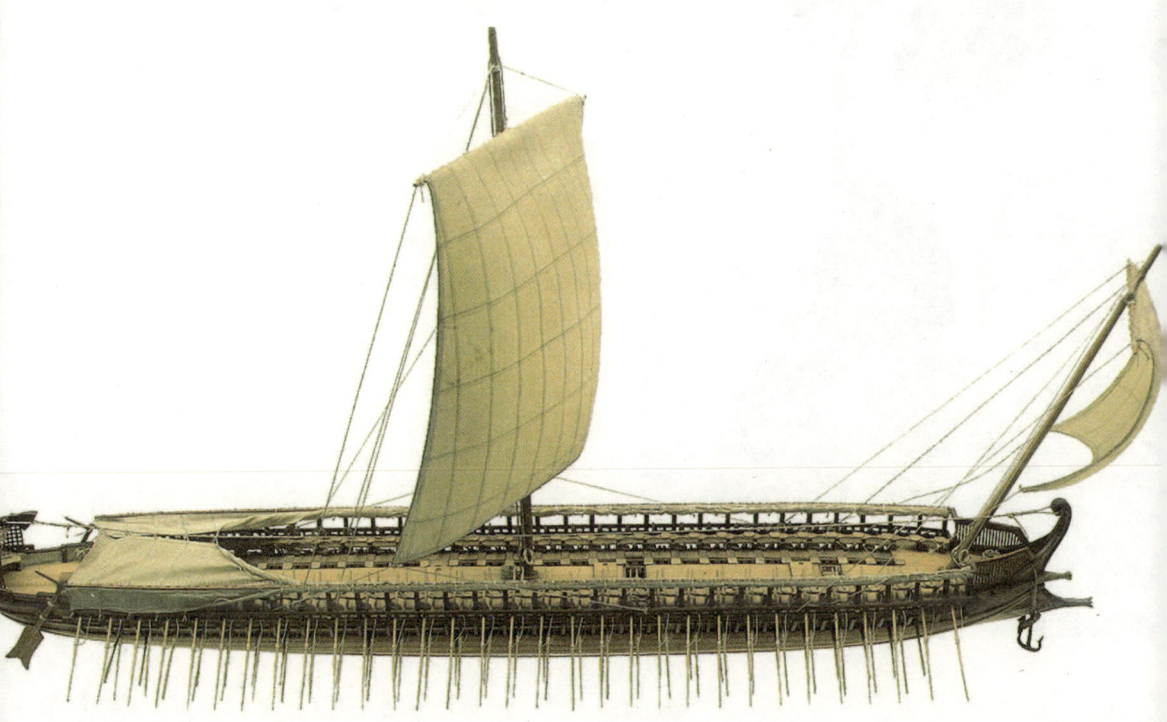

其他

麦哲伦企鹅 —— 温带企鹅中最大的一种 /128
茶叶 —— 神奇的东方树叶 /130
辣椒 —— 被哥伦布发现的"冒牌胡椒" /137
胡椒 —— 中世纪通行全世界的"硬通货" /139
加减符号 —— 源自船员记录淡水情况 /147

麦哲伦海峡

最曲折的海峡，害了多少航海家

麦哲伦海峡分隔大西洋和太平洋，海峡中风大多雾，水道曲折迂回且寒冷，潮高流急，多漩涡逆流，海上时有浮冰，不利于航行，这是一片人迹罕至的海域。1521年麦哲伦率领的环球航海船队发现并通过了这个海峡，打通了大西洋与太平洋的海上贸易通道，从此之后，这个凶险的海峡被称作麦哲伦海峡。

15世纪是欧洲地理大发现的黄金时期，以葡萄牙和西班牙为代表的欧洲国家，纷纷派出国内顶级的航海家，只为在海外开辟新的殖民地，以获得源源不断的财富。同时，地球上还有很多未知的地方也吸引着这些探险者，他们乘风破浪，不仅为财富，还为了探索未知世界。

地圆说的信奉者

1480年，麦哲伦出生于葡萄牙波尔图一个没落的骑士家庭。16岁时，他被编入国家航海事务所，先后跟随远征队到达过东部非洲、印度、马六甲等地探险和进行殖民活动。

当时的欧洲冬天很寒冷，缺乏足够的饲料，必须大量宰杀牲畜并用香料腌制。欧洲不出产香料，因此香料价格极高。一小把丁香的价格，就价值一枚西班牙金币。谁能搞到一袋香料，谁就会成为大富翁。

在香料的产地东南亚，丁香、肉桂、豆蔻都不值钱，一枚金币就可以买好几袋。

麦哲伦海峡东连大西洋，西通太平洋，东西长592千米，南北宽3.3~32千米。

❖ 麦哲伦海峡美景

地名背后隐藏的秘密

❖ 麦哲伦雕像

斐迪南·麦哲伦（1480—1521年），葡萄牙探险家、航海家、殖民者，为西班牙政府效力探险。1519年率领船队进行环球航行，麦哲伦在环球航行途中在菲律宾死于部落冲突，他被一位名为拉普拉普的部落首长杀死。船队在他死后继续向西航行，于1522年9月回到欧洲，完成了人类首次环球航行。

麦哲伦船队中很少有人有丰富的航海经验，因为他们中的许多人都是从监狱借来的罪犯。还有人加入是因为他们为了避开债权人（许多经验丰富的西班牙水手拒绝加入麦哲伦船队，可能因为他是葡萄牙人）。

关岛于1521年被麦哲伦发现，之后便由西班牙统治了长达333年，随后在美西战争时割让给了美国，从此便成为美国的属地。

❖ 关岛在西班牙统治时期的建筑

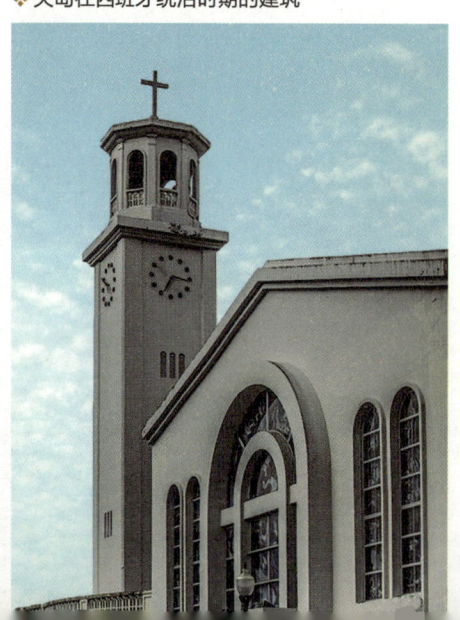

这段经历使麦哲伦积累了丰富的航海经验，他在参与殖民战争时了解到，香料群岛东面还有一片大海。他猜测大海以东就是美洲，并坚信地球是圆的。而这个时期，哥伦布已经发现了美洲新大陆，达·伽马也从印度返航并带回了巨大的财富。于是，麦哲伦便有了进行一次环球航行的打算。

西班牙国王宣布支持麦哲伦

当麦哲伦满怀激情地向葡萄牙国王曼努埃尔一世申请组织船队进行环球航行时，遭到了曼努埃尔一世的拒绝与嘲笑。因为1454年，葡萄牙与西班牙在大西洋问题上达成了协议，葡萄牙向东，而西班牙向西。葡萄牙几乎控制了整个大西洋向东的海上贸易通道，尤其是香料贸易航线，所以曼努埃尔一世对麦哲伦提出的环球航行计划毫无兴趣。

今天的菲律宾马克坦岛上矗立着一座纪念碑。纪念碑的一面是纪念挫败了西班牙人入侵的头人拉普拉普；另一面则是纪念被他们杀死的麦哲伦。

❖ 拉普拉普纪念碑

由于环球航行计划未能得到认可，失望的麦哲伦在1517年离开祖国，来到了西班牙，并与塞尔维亚要塞司令的女儿结了婚。1518年3月22日，西班牙国王卡洛斯一世接见了他，麦哲伦向他提出，通过向西航行打破葡萄牙对香料贸易航线控制的计划。在利益的驱使下，1519年，卡洛斯一世宣布支持麦哲伦的环球航行计划，并许诺如果航行成功，麦哲伦可分享所得全部收入的5%，还可出任管辖新发现领地的行政长官。

很快，在卡洛斯一世的支持下，麦哲伦组建了一支由5艘船组成的探险队，以"特里尼达"号为旗舰，另外还有"圣安东尼奥"号、"康塞普逊"号、"维多利亚"号和"圣地亚哥"号，随行船员达265人，每艘船都配备了火枪和大炮，每个人都带着尖刀和短剑，并满载各种商品。

❖ 麦哲伦企鹅

麦哲伦于1519年第一次在南美洲的航行中发现了该物种，后人将其命名为麦哲伦企鹅。麦哲伦企鹅算是较古老的鸟类，大约在5000万年前就已经在地球上生活了。除了少数例外，大多生活在南极或接近南极的陆地和海洋中。

❖ 麦哲伦环球探险船队

发现并通过了麦哲伦海峡

1519年8月10日，麦哲伦率领船队从西班牙的塞维利亚港出发，在大西洋中航行了70多天，先后到达巴西的里约热内卢和阿根廷的圣胡利安港。由于天气寒冷，粮食短缺，他们被迫停留在圣胡利安港。期间，船员发生叛乱，有3艘船的船长联合起来反对麦哲伦，麦哲伦假装同意谈判，派人伺机刺杀了叛乱的船长。1520年5月，"圣地亚哥"号沉没，不过船员都得到了救援。

1520年8月底，麦哲伦的船队离开圣胡利安港，寻找前往"南海"的海峡。10月21日，他们进入一个航道曲折、艰险的海峡，这个海峡长达592千米，被中部的弗罗厄德角分成东西两段。西段海峡曲折狭窄，入口处宽度48千米，最窄处仅3.3千米，水深较深；东段开阔水浅，主航道最浅处只有20米，处于西风带。整个海峡寒冷多雾，并多大风暴，堪称世界上风浪最猛烈的水域之一。麦哲伦的船队经过漫长、艰苦的航行，于11月28日驶出海峡，进入风平浪静的太平洋，为第一次环球航行开辟了胜利的航道。后人为了纪念麦哲伦对航海事业做出的贡献，把这个海峡称为麦哲伦海峡。

❖ 麦哲伦海峡

北角

真 正 的 世 界 尽 头

北角位于欧洲大陆的北端，是地球上最特殊的一个地区。1553年，英国探险家理查德为了搜寻东北航线，带领船队绕过欧洲最北端时偶然发现了这片新大陆，他将这个雄伟壮丽的海角命名为"北角"。

❖ 通向北角的公路

北角是位于挪威北部马格尔岛北端的海角，也是欧洲大陆的最北端，号称"世界之巅"，它是一块直插北冰洋悬崖之上的高地，东南80千米处的诺尔辰角则是欧洲大陆的极北点。

北角具有地理上的意义

北角地处北纬71°10′21″、东经25°40′，距离北极2102.3千米，高达307米的陡峭寒武纪砂岩悬崖直面大海，气势雄伟，常常被认为是欧洲大陆的最北方。

北角与斯匹次卑尔根群岛间的连线是挪威海和巴伦支海的分界，北大西洋暖流经北角流入巴伦支海后便改称北角洋

❖ 北角极光

北角的夏天是有名的午夜太阳区，太阳整晚都照射着大地。冬季，这里没有白天，但或绿或红的极光绝对能补偿你对光的渴望。

北角几乎看不到任何植被，低矮细密的苔藓覆盖在裸露的砂石之上，如果足够幸运，或许还能偶遇雪橇小能手驯鹿。

霍宁斯沃格小镇宁静至极，雕塑、花草、海湾、帆船、闲散的人们，安详而静谧。从这里驱车1个多小时就可抵达北角。

流。它扼摩尔曼斯克通往大西洋的航道，具有重要的战略地位。北角向西南至斯塔万格的连线是北欧地质构造上的一条重要分界线，北角西为加里东褶皱带，东是波罗的地盾，斯堪的纳维亚山脉以北角为终点。

被称为"世界的尽头"

北角是公路能到达的欧洲大陆最北端，由于它特殊的地理位置，故而又被称为"世界的尽头"。

1553年，北角被英国探险家理查德发现后，其面向大海的寒武纪砂岩便成为冒险家攀登的征服之地。数百年来，这块古老的寒武纪砂岩成为沿海商人、当地渔民以及传说中的海盗们的航海标志。如今岩石上方屹立着的石柱和镂空的地球仪雕塑是北角的地标。

北角的民居大多是一栋栋色彩鲜艳的小房子，点缀着美丽的村落，让人宛若来到世外桃源。

❖ 北角的民居

❖ 北角地标——地球仪雕塑

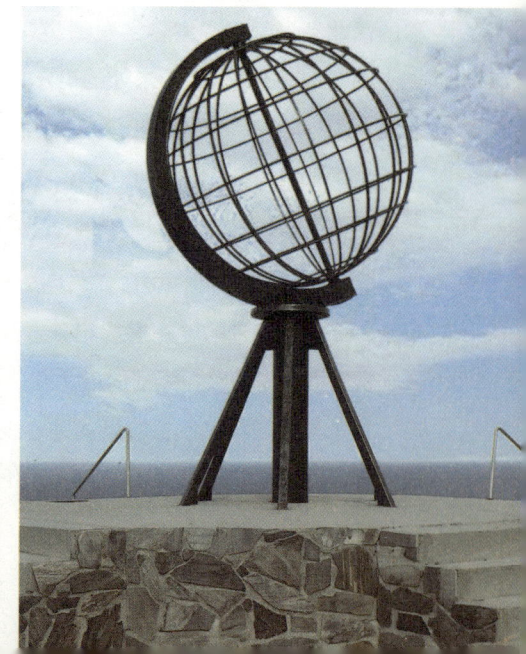

站在北角悬崖上眺望北冰洋，会使人倍感惊险刺激，更会为巴伦支海的美景惊叹不已。此外，北角悬崖还是欣赏北极光的地方，吸引了世界各地的游客慕名前来，不仅如此，还吸引了众多名流贵族，有名的访客有1873年到访的瑞典兼挪威国王奥斯卡二世及1907年到访的泰国国王拉玛五世，他们到这里来只为邂逅北极光的极致之美。

北角虽然被称为"世界的尽头"，但带给人们的并不是凄美与绝望，而是神秘的遐想和无限的憧憬。蓝天、海浪、远山，还有船尾迎风招展的鲜艳国旗，一路上时而鸟语湖波，时而云雾缭绕，时而山涧瀑布，时而白雪皑皑。

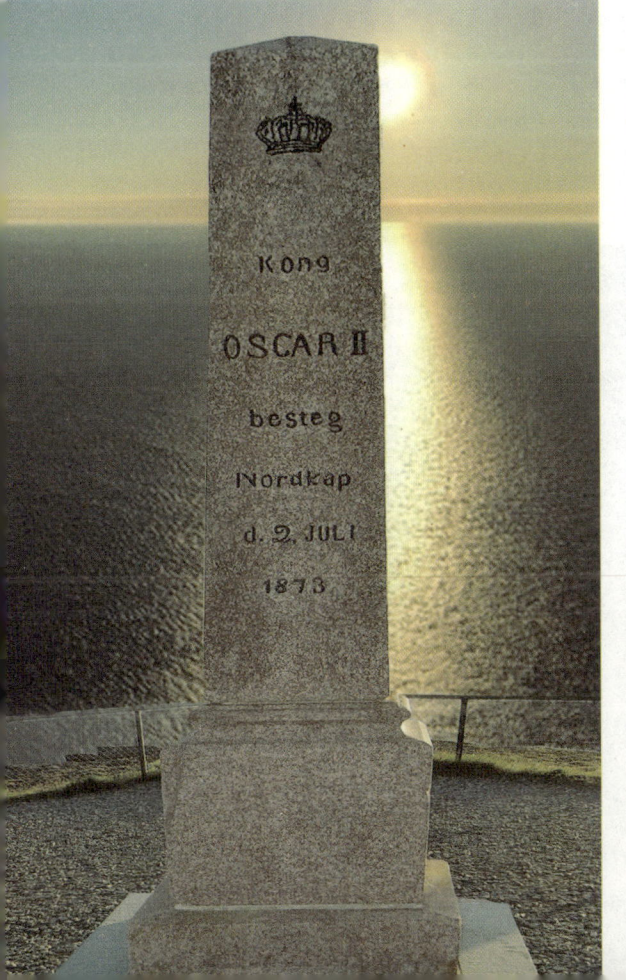

❖ 北角地标——石柱

观景台入口处有一个彩色石块堆成的四方台，上端立着指向北方的箭头，箭杆上则标明了北角的纬度——北纬71°10′21″。据说这里距离"泰坦尼克"号沉没的地方仅有30海里。

❖ 1873年奥斯卡二世到访纪念碑

❖ 向北的箭头

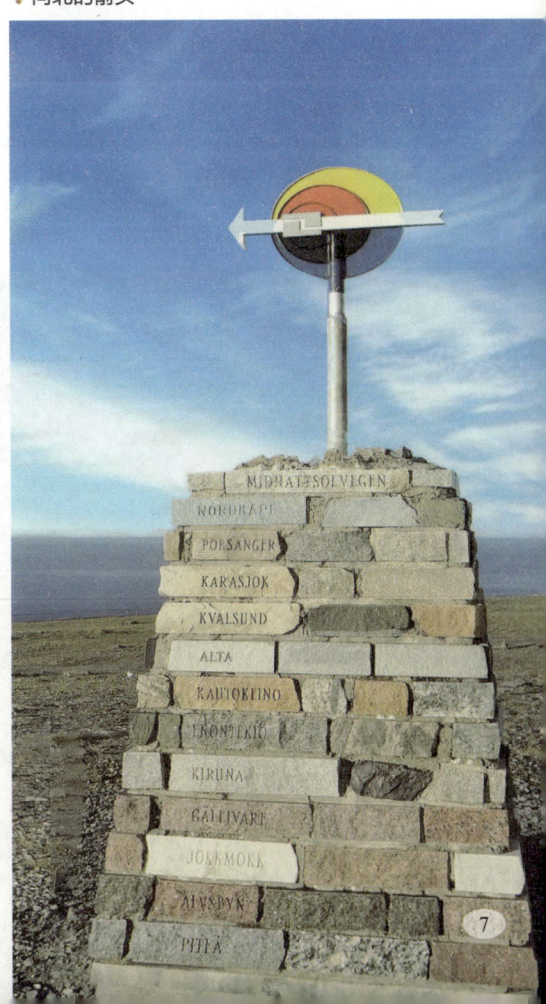

白令海峡

沟通北冰洋和太平洋的唯一航道

白令海峡位于亚洲最东点的迭日涅夫角和美洲最西点的威尔士王子角之间,连接楚科奇海和白令海,因1728年在俄国军队任职的丹麦探险家维塔斯·白令顺利通过这个海峡而得名。

白令海峡位于亚洲东北端楚科奇半岛和北美洲西北端阿拉斯加之间,峡谷长400千米,宽32千米,平均水深为45米,科学家认为它是世界上最长的海底峡谷。白令海峡水道中心线既是俄罗斯和美国的交界线,也是亚洲和北美洲的洲界线,还是国际日期变更线。它是沟通北冰洋和太平洋的唯一航道,也是北美洲和亚洲大陆间的最短海上通道。

维塔斯·白令(1681—1741年)是一名丹麦探险家,1728年,白令受彼得一世的邀请参加当时新建立的俄国海军,成为一名舰长,他在对瑞典的战争中表现优秀,此后他又参加了对奥斯曼帝国的战争。1725年他奉彼得一世的命令开始对西伯利亚的北岸进行考察。

❖ 维塔斯·白令

在白令海峡中,来自北冰洋的寒流沿海峡西岸流入白令海,来自太平洋的温暖海水沿海峡东岸流入北冰洋,整个海峡水流湍急,水面海礁林立,凶险异常。

❖ 白令海峡海礁上的小灯塔

在唐朝时是流鬼国地界

在冰河时期,白令海的水面降低,白令海峡历史上是亚洲和北美洲之间的"陆桥",考古学家们认为,美洲印第安人的祖先是一些亚洲来的猎人,他们跟着兽群通过"陆桥",随后在北美洲定居。

白令海西岸是堪察加半岛,从堪察加半岛往东到白令海峡之间,在唐朝时是流鬼国地界,有"大唐最北藩属国"的称号,岛上的部族曾经向唐朝进贡。据《新唐书·靺鞨传》记载,唐代时我国东北少数民族黑水靺鞨,开辟了堪察加航线以及堪察加半岛的鄂霍次克海航线。因此,早在唐朝时期,我国已经掌握了通往白令海与白令海峡的航线。

流鬼国在古代活跃在东西伯利亚地区,是中国古代文献中经常提到的一个位于北海的小国。在古人的印象中,流鬼国充满神秘感,唐代史书《通典》里有记载,"北至夜叉国,余三面皆抵大海"。这里的夜叉就是指流鬼国。在《新唐书》中也有关于流鬼国的记载,里面也提到了流鬼人生活在一个半岛之上,且这个半岛在靺鞨以北,这证明流鬼人是活跃在堪察加半岛,以原始渔猎为生。

白令海峡名字的由来

彼得大帝是俄罗斯历史上最伟大的帝王,他在位期间极力发展海洋事业,建立了俄国海军,同时也鼓励航海家探索新的航线。在他去世前3周,他任命在俄国军队中服役的丹

白令海峡沿岸地区生活着适应冰雪环境的海豹、海象、海狗、海獭、海狮以及北极燕鸥等。

❖ 迭日涅夫纪念塔(灯塔)

在白令之前就有俄国人通过了白令海峡。早在1648年,迭日涅夫和一个小队从东西伯利亚海的科雷马河河口出发,向东航行,绕过东角(迭日涅夫角),经过白令海峡,驶进白令海,并向西到达楚科奇半岛南端的阿纳德尔河口,成为第一个发现亚洲和美国之间的海峡(今白令海峡)以及东北亚的海上航线的航海家。

麦探险家维塔斯·白令为堪察加考察队队长,此后,白令两次远征探险,探索亚洲和美洲是否在此相连。1728年,白令往北通过了一个巨大的海峡,进入南楚科奇海,第一次穿过北极圈,并最终发现了亚洲与美洲的界线,这个海峡就是白令海峡。

1741年,白令从彼得罗巴甫洛夫斯克出发前往美洲,一场风暴将他指挥的两艘船分开了,白令看到了阿拉斯加的南岸。在回彼得罗巴甫洛夫斯克的路上,他还发现了属于阿留申群岛的一些岛屿,但这时他已重病在身,无法指挥他的船了。他们漂泊到科曼多尔群岛的一座无人居住的小岛上,白令和他船上的其他28名水手都病死在那里。后来,为纪念白令的功绩,人们分别用他的名字命名了白令海峡、白令海、白令岛和白令地峡等。

❖ **航海者纪念标志**

在白令海峡两岸有众多这样的纪念标志,几乎每个纪念标志都是纪念海峡的征服者、早期探险者和俄罗斯土地的开拓者。

1728年,白令第二次出航,率30名探测队员到达美洲,在阿拉斯加南部登陆,但返航时,他们所乘的"圣彼得"号不幸触礁沉没,白令和部分探测队员在荒岛(白令岛)上死于坏血病。

1991年8月,一支俄罗斯—丹麦的考古队发现了白令和其他5位水手的墓。他们的遗体被运回莫斯科。

白令海峡大桥目前还处于提案阶段,88千米长的白令海峡大桥需要220个桥墩,它们呈圆锥形,外形和作用均类似于破冰船的船道,而每个桥墩重达5万吨。一旦建成,它将成为一个宏伟的跨洲连接通道,将亚洲、非洲、欧洲、北美洲和南美洲统统连接起来,成为人类建筑史上的一大奇迹。

❖ **白令岛上的白令墓地和纪念碑**

太平洋

平 静 的 海 洋

太平洋是世界上最大、最深、边缘海和岛屿最多的大洋，位于亚洲、大洋洲、南极洲和南北美洲之间。太平洋之名源自拉丁文"Mare Pacificum"，意为"平静的海洋"，由航海家麦哲伦及其船队首先命名。

欧洲人在16世纪早期就见到了太平洋，最早发现太平洋的是曾横渡巴拿马地峡的西班牙航海家巴尔沃亚，不过真正让它进入欧洲人眼帘的是葡萄牙航海家麦哲伦。

1519年9月20日，葡萄牙航海家麦哲伦率领由270人组成的船队从西班牙的塞维利亚港出发，进行环球航行。船队在到达南美洲的南端后，于1521年10月21日进入一个海峡（后人所称的麦哲伦海峡），船队历经千辛万苦，经过38天的艰苦奋战后，终于到达了这个海峡的西端出口，进入一片巨大的海域，即欧洲人眼中的"大南海"。

> 太平洋面积广阔，水体均匀，气候有利于行星风系的形成，特别是南太平洋更为突出。北太平洋的情况则不同，东、西两岸差异悬殊，以俄罗斯东海岸的严冬和加拿大的不列颠哥伦比亚省温和的冬季对比最为鲜明。信风带位于东太平洋南北纬30°~40°之间的副热带高压中心和赤道无风带之间。

❖ 南太平洋风景

麦哲伦船队的船员们非常兴奋，也非常庆幸能穿过麦哲伦海峡，纷纷升起西班牙的国旗，并鸣礼炮致意。与麦哲伦海峡相比，这个"大南海"显得过于平静，麦哲伦船队在"大南海"宽广的海面上航行了110天，没有遇到狂风巨浪，一直都平安无事。1521年4月7日，他们顺利到达菲律宾的宿务岛。此前饱受滔天巨浪之苦的麦哲伦及其船员们高兴地说："'大南海'真是一个太平洋啊！"从此，人们把位于亚洲、大洋洲、南极洲和南北美洲之间的这片大洋称为"太平洋"，意为"平静的海洋"。

❖ 麦哲伦雕像

太平洋浅海渔场面积约占世界各大洋浅海渔场总面积的1/2，海洋渔获量占世界渔获量一半以上，秘鲁、日本、中国舟山群岛、美国及加拿大西北沿海都是世界著名渔场。盛产鲱鱼、鳕鱼、鲑鱼、鲭鱼、鳟鱼、鲣鱼、沙丁鱼、金枪鱼、比目鱼等。此外，捕蟹业也占重要地位。

麦哲伦船队历时1082天终于完成了人类历史上首次环球航行，1522年9月6日，麦哲伦船队仅剩的一艘"维多利亚"号返抵西班牙，抵港时只剩下瘦得不成人样、衰弱不堪的18个人，其中并没有麦哲伦，但是他们运回来数量十分可观的香料，那些香料带来的是一笔巨大的财富。

太平洋海域广阔，蕴藏着极其丰富的自然资源，已经开发和利用的主要是水产资源和矿产资源。太平洋中的动植物种类繁多，有近10万种，主要生活在大洋表层，尤其是边缘带，存在于2000米以下水域中的动植物只占总数的4%~5%，在5000米以下水域中生活的动植物只有800种，6000米以下水域中只有500种，7000米深处只有200种，到1万米深处只剩下20多种了。

大西洋

中国人眼中位于西方的大洋

大西洋这个名字源于古希腊神话中的擎天神阿特拉斯，然而，汉语中的大西洋却与阿特拉斯无关，它指中国人眼中位于西方的大洋。

大西洋是世界第二大洋，加勒比海、地中海、黑海、里海、北海、波罗的海、威德尔海、马尾藻海等都是它的附属海。它的面积为9336.2万平方千米，占地球表面积的近20%，平均深度3627米，最深处波多黎各海沟深达9219米。大西洋呈"S"形，以赤道为界被划分成北大西洋和南大西洋。

> 大西洋拥有著名的墨西哥湾、比斯开湾、几内亚湾、哈得孙湾、巴芬湾、圣劳伦斯湾等。

> 大不列颠岛、爱尔兰岛、冰岛、纽芬兰岛、古巴岛、伊斯帕尼奥拉岛及加勒比海和地中海中的许多群岛都位于大西洋，格陵兰岛也有一小部分位于大西洋。

名字源于擎天神阿特拉斯

大西洋古称"OCEAMUS ATLANTICUS"，"ATLANTICUS"是古希腊神话中的擎天神阿特拉斯的名字。

> 北点地处巴巴多斯岛最北端，这里是大西洋和加勒比海的分界点。这里水深、浪急、风大，岸边激起的大浪十分壮观。

❖ 大西洋美景：巴巴多斯北点

❖ 普罗米修斯——剧照

普罗米修斯这个名字的含义是"先见之明"，他是古希腊神话中泰坦一族的神明之一，天神乌拉诺斯与地神盖亚之子。在古希腊神话中，普罗米修斯曾与智慧女神雅典娜共同创造了人类，普罗米修斯负责用泥土雕塑出人的形状，雅典娜则为泥人灌注灵魂，并教会了人类很多知识。

在古希腊神话中，天神宙斯统治了天庭之后，禁止人类用火，擎天神阿特拉斯的兄弟普罗米修斯看到人类生活的困苦，帮人类从奥林匹斯山盗取了火，因此触怒宙斯，被判处死刑，绑在高加索山上，让雄鹰啄其心肝。阿特拉斯也因此受到株连，被罚支撑石柱，使天地分开，于是阿特拉斯在人们心目中成了英雄。

北大西洋有北亚美利加海盆、圭亚那海盆（西侧）、加那利海盆和维德角海盆（东侧）。南大西洋有巴西海盆、阿根廷海盆（西侧）、安哥拉海盆和开普海盆（东侧）。

大西洋中脊又称中大西洋海岭，是大西洋洋底地形中最特殊的洋底奇观，它北起冰岛，纵贯大西洋，南至布韦岛，然后转向东北与印度洋中脊相连，全长约1.7万千米，宽度1500~2000千米，约占大洋宽度的1/3。面积达2228万平方千米，占大西洋底面积的1/4，是大西洋底最重要和最突出的地形单元。

大西洋海域的主要鱼类有鲱鱼、鳕鱼、毛鳞鱼、长尾鳕鱼、比目鱼、金枪鱼、鲑鱼、马古鲽鱼、海鲈鱼等。这些鱼主要分布在大陆架和岛屿附近陆架区。

最初，希腊人以为非洲西北部的山地是阿特拉斯的化身，因此以阿特拉斯之名命名了非洲西北部的山地，即北非的阿特拉斯山脉。后来又传说阿特拉斯住在遥远的地方，人们认为一望无际的大西洋就是阿特拉斯的栖身地，于是就把它称为阿特兰他（阿特兰他是阿特拉斯的形容词），即"ATLANTIC OCEAN"。这个名称在1650年被荷兰地理学家伯思哈德·瓦寺尼引用，从而成为大西洋的正式名字。

按中国的习惯叫作大西洋

中国拥有漫长的海岸线，可历史上却不是一个海洋国家，而是一个大陆国家，对海洋的探知有限，习惯上以雷州半岛至加里曼丹岛一线为界，将其西称作"西洋"，其东称作"东洋"，人们常在历史影视作品中看到称呼欧洲人为"西洋人"，称呼日本人为"东洋人"，就是以此为习惯的。

❖ 擎天神阿特拉斯

阿特拉斯，希腊神话中的泰坦神之一，天神乌拉诺斯与地神盖亚之子。因反抗宙斯失败，被罚在世界最西处用头和手顶住天。欧洲人多以他的画像装饰地图封里，由此称地图集为"阿特拉斯"。

❖ 阿特拉斯山脉美景

❖ **大西洋上的黑奴贸易**

历史上，大西洋是贩卖奴隶的重要水路。欧洲商船在 1450—1850 年的 400 年内总共贩运了 1000 万或 1100 万黑人至新大陆，其中又以 18 世纪的数量最多，达到将近 550 万人。黑奴贸易在 18 世纪 80 年代达到了最高峰，每年横穿大西洋抵达新大陆的黑奴数量超过 8 万人。

大西洋的航运发达，东、西分别经苏伊士运河及巴拿马运河沟通印度洋和太平洋。海轮全年均可通航，世界海港约有 75% 分布在这一海区。

大西洋在世界航运中处于极为重要的地位，它西通巴拿马运河，连接太平洋；东穿直布罗陀海峡，经地中海、苏伊士运河通向印度洋；北连北冰洋；南接南极海域，航路四通八达，十分便利。

大西洋中的矿产资源主要有石油、天然气、煤、铁、重砂矿和锰结核等。其中加勒比海、墨西哥湾、北海、几内亚湾和地中海均蕴藏有丰富的海底石油和天然气。

直到明朝郑和下西洋而归，中国人才对外面的世界有了更多的了解，加上 15 世纪末到 16 世纪初的欧洲开辟了新航路——通往东方的航线，这时西方的航海技术、海图以及地理知识被带到了中国，当时的明朝对 "ATLANTIC OCEAN" 一词的翻译伤透了脑筋，于是便按习惯译成 "大西洋" 并一直沿用至今。

大西洋中的生物资源丰富，最主要的是鱼类，其捕获量约占大西洋中海洋生物捕获量的 90%。大西洋的渔获量曾居世界各大洋第一位，20 世纪 60 年代以后低于太平洋，退居第二位。但单位面积渔获量达 250 千克/平方千米，居世界首位。

印度洋

通往黄金国度的海洋

历史上，印度洋一直被欧洲人认为是通往遍地黄金国度的海洋，并根据"大西洋"这个名字而称其为"东方的印度洋"，1570年才被地理和地图学家亚伯拉罕·奥特里乌斯简化成"印度洋"。

印度洋位于亚洲、大洋洲、非洲和南极洲之间，包括属海的面积为7411.8万平方千米，约占世界海洋总面积的20%，是世界上第三大洋。

曾被称为厄立特里亚海

古代欧洲人虽然对东方了解不多，但是很早就知道有印度洋，古希腊历史学家希罗多德所著的《历史》一书绘制的世界地图中将印度洋标注为"ERYTHREA"，即"厄立特里亚海"，"ERYTHREA"在希腊语中意为"红色的海"。公元4世纪的古希腊诗人农诺斯根据地方传说，写了一部希腊语长篇史诗《狄俄尼索斯纪》，这部长篇叙事诗中虽然未介绍

> 印度洋的地理位置非常重要，是沟通亚洲、非洲、欧洲和大洋洲的交通要道。向东通过马六甲海峡可以进入太平洋，向西绕过好望角可到达大西洋，向西北通过红海、苏伊士运河，可进入地中海。

印度洋其北为印度、巴基斯坦和伊朗；西为阿拉伯半岛和非洲；东为澳大利亚、印度尼西亚和马来半岛；南为南极洲；中为英属印度洋领地。

❖ 印度洋美景

❖ 达·伽马的出海——挂毯

印度洋的航运业虽不如大西洋和太平洋发达，但由于中东地区盛产的石油通过印度洋航线源源不断地向外输出，因而，印度洋航线在世界航运业中占有重要的地位。

狄俄尼索斯是奥林匹斯十二主神之一，是古希腊神话中的酒神和古希腊色雷斯人信奉的葡萄酒之神，不仅握有葡萄酒醉人的力量，还因布施欢乐与慈爱而在当时成为极有感召力的神，他推动了古代社会的文明并确立了法则，维护着世界的和平。

❖ 狄俄尼索斯

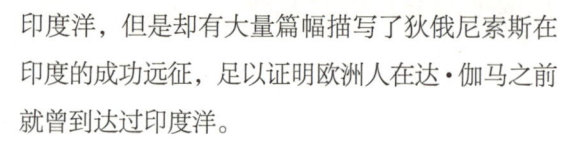

印度洋，但是却有大量篇幅描写了狄俄尼索斯在印度的成功远征，足以证明欧洲人在达·伽马之前就曾到达过印度洋。

"厄立特里亚海"一直是古欧洲人对印度洋的称呼，直到公元1世纪后期，罗马地理学家彭波尼乌斯·梅拉开始使用"印度洋"这个名字。公元10世纪，阿拉伯人伊本·豪卡勒编绘的世界地图上也使用了这个名字。

达·伽马心中的印度洋

在古代，欧洲人虽然很早就知道印度洋，但是他们对东方的了解一直很少，所以也就不了解

印度洋的主要属海和海湾是红海、阿拉伯海、亚丁湾、波斯湾、阿曼湾、孟加拉湾、安达曼海、阿拉弗拉海、帝汶海、卡奔塔利亚湾、大澳大利亚湾、莫桑比克海峡等。

印度洋西南以通过南非厄加勒斯特的经线同大西洋分界，东南以通过塔斯马尼亚岛东南角至南极大陆的经线与太平洋连接。

印度洋。《马可·波罗游记》出版后，对欧洲人带来了极大的冲击，对东方的向往日益剧增，他们认为古希腊神话中传说的"黄金岛"挨着"白银岛"，便是马可·波罗描述的东方，而这个东方就是遍地黄金的印度，因此，欧洲人认为通往东方的航路也就是通往印度的航路，他们希望从这片富庶的土地上得到黄金以及堪比黄金价格的货物。1497年7月8日，葡萄牙航海家达·伽马带着葡萄牙王室的希望向东方航行，经好望角成功驶入印度洋，并于1498年5月20日到达印度西南部的卡利卡特，从此开辟了欧洲人的海上黄金之路。达·伽马将沿途所经过的洋面统称为印度洋。

印度洋的自然资源相当丰富，矿产资源以石油和天然气为主，主要分布在波斯湾，此外，澳大利亚附近的大陆架、孟加拉湾、红海、阿拉伯海、非洲东部海域及马达加斯加岛附近都发现有石油和天然气。

相对于大西洋的东方的印度洋

15世纪初，郑和下西洋时，将交趾、柬埔寨、暹罗以西，今马来半岛、苏门答腊、爪哇、小巽他群岛以及印度、波斯、阿拉伯都称为西洋。直到15世纪末至16世纪初的明朝末期，中国才将"ATLANTIC OCEAN"一词翻译成"大西洋"。同时，欧洲人寻着马可·波罗的足迹来到东方，在带回指南针、造纸术、活字印刷术、瓷器等的同时也将中国对大西洋的翻译带回了欧洲，1515年，欧洲地图学家舍尔在编制地图时，把这片大洋标注为"东方的印度洋"，其中"东

❖ 狄俄尼索斯远征印度

方"一词是与大西洋相对而言的。1570年，地理和地图学家亚伯拉罕·奥特里乌斯在编绘世界地图集时，又把"东方的印度洋"中的"东方的"三个字去掉了，简化为印度洋。从此之后，"印度洋"这个名字逐渐成为通用的称呼。

❖ **亚伯拉罕·奥特里乌斯**
出生于比利时的安特卫普，年轻时为一位地图绘制师工作，开始了他手工绘制地图的生涯。1596年，奥特里乌斯提出了"大陆漂移学说"的最初设想，这一理论后来被德国科学家魏格纳在1912年加以阐述。1570年，奥特里乌斯的地图册《世界概貌》出版。这本地图册成为后来好几代人绘制地图的标准。尽管他的地图中仍有错误，但在当时这是获取地理信息的最好来源。

❖ **夕阳下宁静的海面**

北冰洋

正 对 大 熊 座 的 海 洋

北冰洋是四大洋中位置最靠北的海洋，因为这个地区的气候严寒，海洋表面常年覆盖着冰层，一度被称为"北极海""北冰海""大北洋"，1845年，伦敦地理学会将其命名为北冰洋。

北冰洋大致以北极为中心，介于亚洲、欧洲和北美洲的北岸之间，通过挪威海、格陵兰海和巴芬湾同大西洋连接，并以狭窄的白令海峡沟通太平洋。北冰洋的轮廓被陆地包围，近于半封闭，面积1475万平方千米，占海洋总面积的3.6%，它是世界四大洋中面积最小、深度最浅、海岸最曲折且破碎、岛屿众多的一个洋。

古希腊人曾把它叫作"Arctic"，意为"正对大熊星座的海洋"。1650年，德国地理学家B.瓦伦纽斯首先将大熊星座正对着的海洋划成独立的海洋，称为大北洋。1845年，伦敦地理学会将其命名为北冰洋，因为它在四大洋中位置最北，而且该地区气候寒冷，洋面上常年有冰雪覆盖。

> 北冰洋在航运上的最大缺点是通航期短暂，除巴伦支海南部全年不冻外，俄罗斯、美国和加拿大北部沿海一年仅有50%或1/3的时间能够通航。

> 北冰洋尽管是世界上最小、最浅和最冷的大洋，但却有着极其重要的战略意义。

❖ 遍布冰层的北冰洋

❖ 驯鹿
驯鹿是非常适应极寒气候的动物,在环北极圈地区都有分布。

北极露脊鲸又叫弓头鲸,主要生活在北冰洋及临近海域中,因此也被称为北极鲸。它们喜欢慢悠悠地将大部分背脊露出来,因而又得名北极露脊鲸。

❖ 北极露脊鲸

北冰洋虽是一个冰天雪地的世界，不利于动植物的生长，也不如其他大洋的生物种类繁多，但它并不是一个不毛之地，在北冰洋边缘地区有范围辽阔的渔区，遍布繁茂的藻类（绿藻、褐藻和红藻），海洋生物相当丰富，有海象、海豹、鲸、鲱鱼、鳕鱼等；环抱海洋的陆地或被海洋环抱的岛屿上有北极熊、雪兔、北极狐、驯鹿和北极狼等。

> 2021年6月8日，美国国家地理学会宣布将南极洲周围的海域称为南大洋，并正式承认南大洋为地球第五大洋。南大洋又译为南冰洋，与北冰洋相对，它是环绕南极洲的高纬度海洋，涵盖了太平洋、大西洋和印度洋南部海域，是世界上唯一完全环绕地球、没有被大陆分割的大洋。不过，南大洋的合法地位在国际学界一直存在争议。

北极熊是世界上最大的陆地食肉动物。它们虽然看上去是白色的，但其实它们的皮肤是黑色的，由于厚厚的毛发覆盖，所以才无法看到它们真正的体色。它们的活动范围主要在北冰洋附近有浮冰的海域。

❖ 北极熊

❖ 海象

海象分布在以北冰洋为中心，包括大西洋和太平洋的最北部一带的海域。海象和大象一样，有长长的獠牙，而且皮肤粗糙、行动缓慢。与大象不一样的是，海象没有强壮的四肢，它们为了适应水中生活，四肢已退化成鳍状；也没有大象那样长长的鼻子和大大的耳朵，而且眼睛也很小，好像总是在打盹。

> 北冰洋的岛屿数量和面积仅次于太平洋，居世界第二位，有世界第一大岛——格陵兰岛和世界第二大群岛——加拿大的北极群岛。

> 北冰洋海域的矿产资源相当丰富，是地球上一个还没有开发的资源宝库，蕴藏着丰富的铬铁矿、铜、铅、锌、钼、钒、铀、钍、冰晶石等矿产资源。大陆架有丰富的石油和天然气，沿岸地区及沿海岛屿有煤、铁、磷酸盐、泥炭和有色金属。

檀香山

太平洋的十字路口

1000多年前，波利尼西亚人划着独市舟，踏海数千千米来到夏威夷，发现了瓦胡岛这个被海湾包裹的地方，将这里称为火奴鲁鲁，意指"屏蔽之湾"或"屏蔽之地"。殖民者到来后，这里成为檀香市的贸易港口，因而被称为"檀香山"。

毕夏普博物馆是夏威夷最大的博物馆，这座外墙为石、内墙为木的古老建筑，代表着19世纪晚期夏威夷最经典的建筑风格。

相传，1847年，白人男子毕夏普爱上了年仅16岁的帕基公主，可是帕基公主早已经许配给卡美哈梅哈五世，她顶着压力与毕夏普缔结良缘。1884年，帕基公主因癌症去世。1889年12月19日，在帕基公主生日这天，毕夏普为纪念爱妻建立了毕夏普博物馆，里面收藏有卡美哈梅哈一世国王后裔留下的大量艺术品和王室传家之宝，现在是太平洋地区重要的自然和文化博物馆。

❖ 毕夏普博物馆

说起瓦胡岛上的火奴鲁鲁，可能很多人都不知道，但如果说到檀香山，相信很多人都知道这个太平洋上最大的城市，而檀香山就坐落于瓦胡岛的东南角，延伸于滨河平原上。

早在18世纪末，在夏威夷群岛定居的波利尼西亚人就以火奴鲁鲁为中心建立了夏威夷王国，过着与外界隔绝的生活。

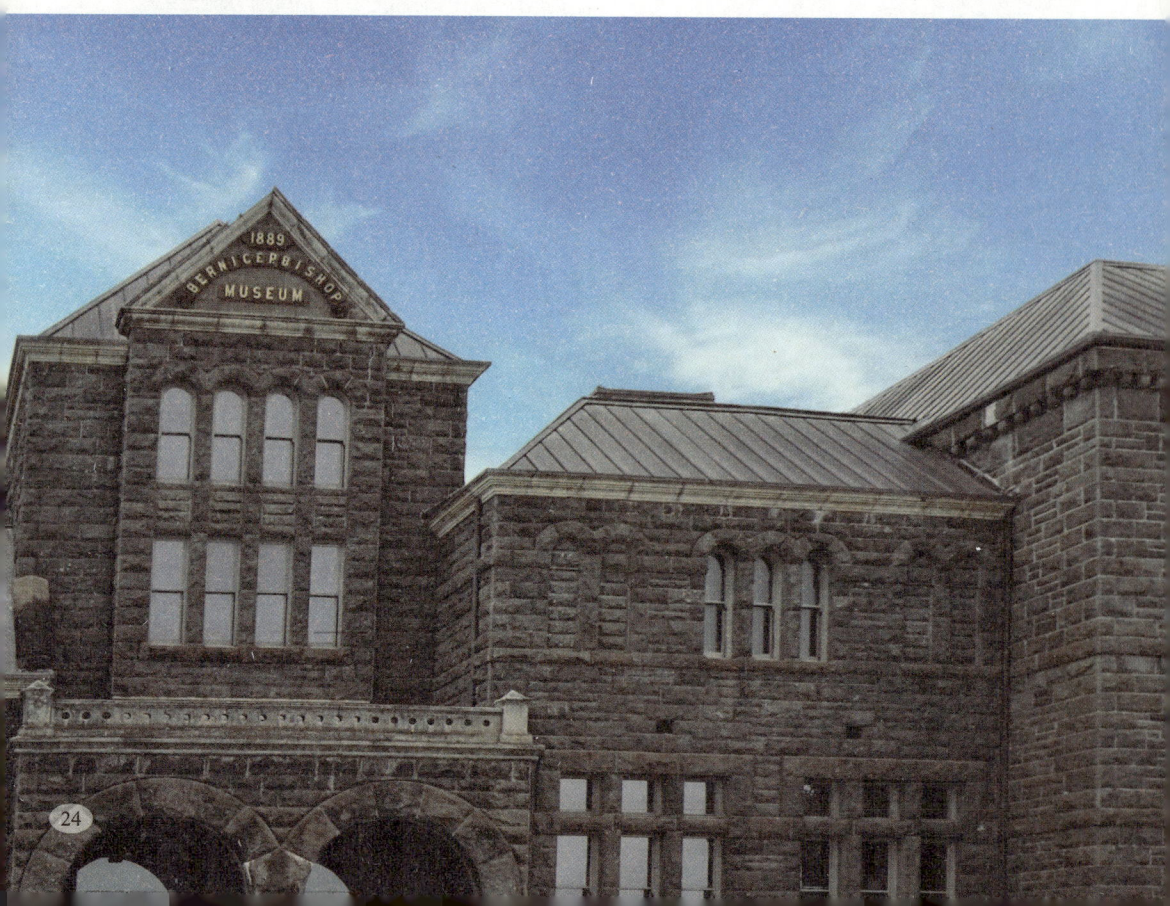

❖ 伊奥拉尼皇宫

该皇宫建于882年，夏威夷王朝的最后两位国王卡拉卡瓦国王和丽丽乌库拉妮女王曾经生活在这里。

1778年英国航海家库克船长、1794年英国航海家威廉·布朗先后抵达这里后，将这里作为过往船只的停靠处，火奴鲁鲁也成了一个著名的港口，随之成为檀香木贸易和捕鲸基地，吸引了大批外来移民。火奴鲁鲁也因为繁荣的檀香木贸易而被外来移民称为檀香山。

1894年，移民而来的欧洲人为了获得更大的利益，废除了夏威夷王国国王的王位，成立了夏威夷共和国。1898年，夏威夷被并入美国，成为美国的第50个州。

火奴鲁鲁（檀香山）作为夏威夷群岛的经济、政治中心，不仅有大量的古老建筑，如伊奥拉尼皇宫、教堂以及堡垒等，还有很多一流的现代化建筑，如阿罗哈塔、第一夏威夷中心等。

瓦胡岛是夏威夷第三大岛，位于可爱岛和茂宜岛之间，是美国夏威夷州的首府，也是夏威夷群岛中人口最多的岛。马克·吐温曾说："夏威夷是全世界最美丽的群岛"，而瓦胡岛则堪称夏威夷的心脏。

华人依旧称火奴鲁鲁为檀香山，因为当地盛产檀香木，岛上环绕着淡淡的檀香味，仿佛经过一场神圣的洗礼。

陈芳（1825—1906年），檀香山最成功的华侨，被誉为"商业王子"。美国南北战争期间，蔗糖价格被炒得很高。陈芳抓住机会，向美国北方大量倾销蔗糖，从中赚取了巨额利润。仅此一项，就让他成为檀香山华侨中第一位资产超过百万美元的富翁。之后，他娶了夏威夷王的妹妹为妻，顺利地当上了夏威夷立法院议员。在他的倡议下，檀香山政府相继出台了许多保护中国劳工的法案，中国人在檀香山的社会地位得到了提高。美国建国200周年时，陈芳被评选为百位对美国最有影响力的外籍人士之一。

火奴鲁鲁地处太平洋中心，是太平洋海、空交通的枢纽和重要港口，优越的地理位置使这个被喻作"太平洋的十字路口"的地方成为美国的海、空军基地，如著名的珍珠港就与火奴鲁鲁港相邻。

❖ 陈芳雕像

❖ 檀香山唐人街中的孙中山雕像

孙中山是我国伟大的革命先行者，在檀香山有好几座孙中山雕像，这座雕像位于唐人街孙中山纪念公园内，是孙中山少年时候读书的形象。

孙中山的哥哥孙眉是檀香山富商，孙中山曾在檀香山就读中学（意奥兰尼书院和奥阿厚书院）。1894年，孙中山曾上书李鸿章，提出改良的建议，但未被李鸿章采纳。不久爆发中日甲午战争，清政府惨败，孙中山看到改良之路走不通，决心采取武力推翻清政府的革命行动。在哥哥孙眉的支持下，孙中山在檀香山成立了兴中会。

巴西

以 红 木 命 名

　　1500年4月22日，葡萄牙航海家卡布拉尔到达南大西洋上一块未知名的陆地，随后这片土地被命名为"圣十字架"，并宣布归葡萄牙所有。随后的300年里，葡萄牙人逐渐在此定居，从事红木（Brasil）的采伐，"Brasil"（巴西）一词代替了"圣十字架"，成为当地的地名。

　　巴西位于南美洲东南部，东临南大西洋，海岸线长约7400千米；北面和南面与其他南美洲国家接壤（除智利和厄瓜多尔外，与其他全部南美洲国家接壤）。

❖ "布拉吉莱"（巴西红木）

为了巩固新航线派出船队

　　1499年9月，达·伽马从印度回到里斯本，成功地开辟了通往印度的新航线，这个消息使整个葡萄牙都沸腾了。葡萄牙国王曼努埃尔一世为了巩固和深挖这条航线的价值，派出一支由13艘船组成、能承载1200多人的大船队去印度，新任的指挥官是佩德罗·阿尔瓦雷斯·卡布拉尔，发现好望角的迪亚士则担任其中一艘船的船长。这支贸易性的大船队不仅可以从印度运回大批胡椒等商品，必要时还可以同可能遇到的海上势力战斗。

发现巴西

　　1500年3月9日，卡布拉尔的船队从里斯本出发，沿着达·伽马发现的航线前进，船队在离开佛得角群岛后遇到强烈风暴（其中有一艘船遭遇风暴后直接返航了），被赤道洋流推到了较远的海域，为了利用风向穿过南大西洋和绕过好望角，船队转向西行，不幸陷入了一个无风的海区。船队原

❖ 佩德罗·阿尔瓦雷斯·卡布拉尔 1500 年在巴西的波尔图塞古鲁港靠岸

佩德罗·阿尔瓦雷斯·卡布拉尔（1467—1520 年），葡萄牙航海家、探险家，被普遍认为是最早到达巴西的欧洲人。

本是为了避开风暴，却因往西南航行的弧圈划得太大，以至于无意间进入了一个未知的海域。

他们在这个未知的海域航行了近 1 个月的时间才看到了陆地（即今巴西东海岸的帕斯夸尔山），卡布拉尔及所有船员都兴奋不已，迫不及待地将船队驶入一个海湾（即今巴西波尔图塞古鲁港），卡布拉尔登陆后，在岸边竖起刻有葡萄牙王室徽章的十字架，将此地命名为维拉克鲁兹（Ilha de Vera Cruz，葡语意思是"圣十字架"），同时宣布该地区为葡萄牙国王所有，并派一艘船回国报讯。

满载而归

卡布拉尔命船队休整后顺着维拉克鲁兹的海岸线航行，期望能找到香料和黄金，但是他们在此一无所获。这里除了遍地的树木外，并没有他们期望中的财富。于是，卡布拉尔指挥船队离开了这里，又经过 5 个月的行驶，他们成

❖ 佩德罗·阿尔瓦雷斯·卡布拉尔雕像

❖ 波尔图塞古鲁港

功抵达达·伽马描述中的印度的卡利卡特（是当时著名的贸易中心，中国古籍中称为"古里"）。与对达·伽马一样，当地人对卡布拉尔并不友好。不过，卡布拉尔的船队全副武装，他们很快便以武力在印度沿海建立了永久性的贸易据点和武装据点。

这是一次成功的航行，卡布拉尔不仅发现了巴西，更重要的是，在印度沿海建立了据点，为下一步控制香料贸易做好了准备，而他们在途中发现的维拉克鲁兹却一直被忽视了。

1501年夏，卡布拉尔的船队回到了葡萄牙，在这次航行中，尽管他们损失了6艘船和许多船员，但卖掉运回来的香料后，他们的赢利超过了总花费的两倍。

很多印第安人因葡萄牙在巴西的殖民活动而沦为奴隶，或者逃到深山老林里躲避。

葡萄牙人的第二故乡

巴西被发现后，起初并未被葡萄牙人重视，直到葡萄牙国王曼努埃尔一世死后，若昂三世继位，葡萄牙往日的辉煌已经渐渐黯淡，而此时的法国却虎视眈眈地盯着美洲大陆，法国海盗在海上穿梭，给葡萄牙的贸易往来造成了非常大的影响。若昂三世很担心法国会在巴西建立据点、发展基地，因为那样的话，满载香料的葡萄牙商船更容易被法国海盗抢劫了，于是他加紧了对巴西殖民地的开发和控制，小心谨慎地看护着巴西，即便如此，巴西依旧危机重重……

1534年，若昂三世把整个巴西划分成许多块世袭封地，赐给一些小贵族。然后又建立了许多居民点，渐渐地，巴西成为葡萄牙人的第二故乡，巴西红木、蔗糖等成为热门商品。

1822年7月，葡萄牙国王若昂六世的儿子佩德罗起草独立宪法，9月7日，巴西宣布完全脱离葡萄牙而独立，成立了巴西帝国，12月1日，佩德罗在里约热内卢举行加冕典礼，称为佩德罗一世。

❖ 巴西制糖厂

卡布拉尔的船队在好望角附近遇到大风暴，有几艘船被毁，不幸伤亡的人员中有一个恰好是发现好望角的迪亚士，命运之神又一次没有让他见到印度。

❖ 甘蔗种植园中劳工的生活

因红木沦为殖民地

在葡萄牙人的心目中，维拉克鲁兹只是征服印度过程中的附属物，起初并未重视它。后来不断有葡萄牙人在此定居，他们在这里发现一种纹路细密、坚固耐用、色彩鲜艳、与东方红木类似的树木，它既可做家具，又可制染料，因此将它命名为"Pau-brasil"，意为红木，后来，葡萄牙人开始贩卖这种红木，而维拉克鲁兹也逐渐地被叫作"Brasil"（葡萄牙语Brasil，英语Brazil），即巴西，并沿用至今。

随着葡萄牙人对巴西红木的开采，这里的经济价值日益体现，巴西也逐渐沦为葡萄牙的殖民地。

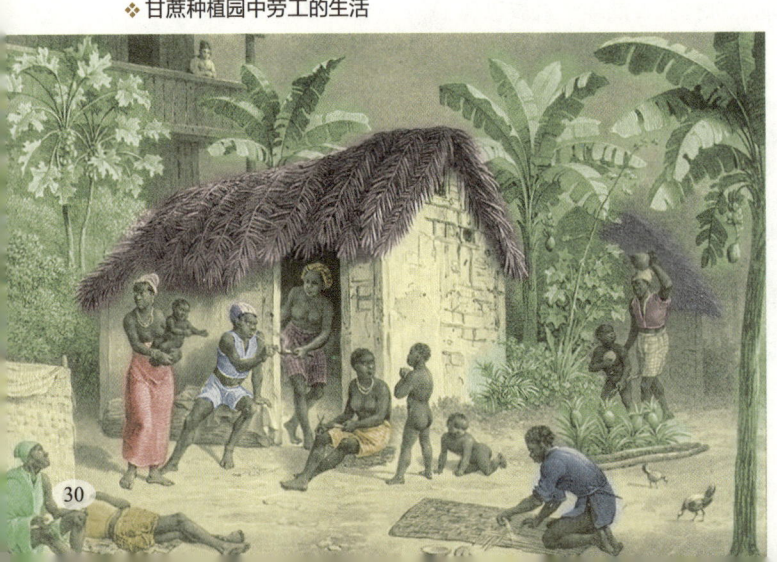

复活节岛

我 主 复 活 了 的 土 地

在烟波浩渺的南太平洋上有一座著名而神秘的岛屿，岛上遍布众多的摩艾石像。1722年，荷兰探险家雅各布·罗格文在复活节这天登岛，因此将其取名为复活节岛。

复活节岛现属智利共和国，位于南太平洋东部，形状近似三角形，由3座火山组成，面积为162平方千米。它在地理上属于波利尼西亚群岛，位于该群岛的东端，离大陆和其他岛屿都很远，距离有人定居的皮特开恩群岛有2075千米，距离智利大陆本土更是达3600千米，是一座孤立于太平洋上的岛屿，也是最与世隔绝的岛屿之一。

> 复活节岛的地面崎岖不平，覆盖着深厚的凝灰岩，海滩上多岩石，遍地都是悬崖峭壁，岛上只有3个海滩，沙子非常干净。

难道是被包围了

复活节岛最早的居民将它称为"拉帕努伊岛"或"赫布亚岛"，意即世界的肚脐。最早发现这座岛屿的其实是英国航海家爱德华·戴维斯，他曾在1686年第一次登陆这座小岛，发现这里一片荒凉，但有许多巨大的石像竖立在这里，戴维斯非常好奇，于是将这里称为"悲惨与奇怪的土地"。

> 复活节岛的拉诺卡乌火山边缘陡峭，路上都是细碎的沙石，火山湖中央铺满南美洲独有的浮萍，明暗之下是沼泽，呼啸吹过的风让人有摇摇欲坠的错觉。
>
> ❖ 拉诺卡乌火山

❖ 一排矗立在海边的巨人石像

1722年4月，荷兰探险家、海军上将雅各布·罗格文率领3艘战舰，航行在南太平洋上，他们已经在狂风巨浪中颠簸了数月之久。4月5日，他们突然在暮色中发现一座航海图上没有标记的岛屿。

当地人称这些石像叫"毛阿依"，石帽叫"普卡奥"，放石块的平台叫"阿胡"。

❖ 摩艾石像

复活节岛的拉诺拉拉库山坡上散落着很多摩艾石像，据说岛上的石像都是从这里运过去的。

❖ 拉诺拉拉库

❖ 阿胡通伽利基的摩艾石像

罗格文在兴奋和好奇心的驱使下向小岛靠去，然而，他们发现岛上黑压压地站立着一排排的巨人，"难道是被包围了？"罗格文一行疑惑了，"这些巨人怎么一动不动？"当他们靠近后才发现，原来那是数百尊硕大无比的巨人雕像。

因为这一天正是西方的复活节，所以罗格文将这座小岛命名为复活节岛，意思是"我主复活了的土地"。

位于复活节岛的阿胡通伽利基，有一排15尊摩艾石像，尽管高矮胖瘦都不尽相同，但个顶个的是啤酒肚，石像的双手还收在小腹位置，捧着鼓鼓的肚皮，有的戴着帽子，有的没有帽子。这是复活节岛上的网红打卡之地。

摩艾石像之谜

复活节岛上已知约有 887 尊摩艾石像，其中 600 尊整齐地排列在海边。这些石像一般 7~10 米高，重约 90 吨，头较长，眼窝深，鼻子高，下巴突出，耳朵较长；它们没有脚，双臂垂在身躯两旁，双手放在肚皮上；有的石像还戴着用红色岩石刻成的帽子；有的石像身体上刻有奇怪的文身。有的石像竖立在草丛中，有的倒在地面上，有的竖在祭坛上。

除此之外，还有一些比这些石像大 1 倍的石像，但它们多是半成品，被遗弃在石场中。

据考证，这些石像在公元 400 年出现在岛上，岛上原住民的历史中并没有雕刻巨石的记

关于摩艾石像有一种说法：古拉帕努伊时代，每一位酋长在临死之前，都会命人用石头按照自己的模样雕刻一尊摩艾石像。待酋长死去后，部落的人会将雕刻好的摩艾石像竖立在埋葬着已逝酋长的土地之上——这就是摩艾石像的作用。

❖ 5块有磁力的圆形滚石

传说，复活节岛上的古拉帕努伊人当年登陆的时候，从原先居住的岛屿上搬来了这些圆形滚石，象征着"我们搬家到这里啦"，有祈福的寓意。然而，这么大的圆形、带有磁力的滚石是如何制造和运来的呢？这也是岛上一个不可解的谜之一。

❖ 鸟瞰复活节岛
鸟瞰复活节岛，其大大的火山口形如太平洋上的肚脐眼。

录，而且石像的长相也不像当地人，那么，这些石像是谁？又是谁做的？为什么做？至今无人知晓。

朗戈朗戈之谜

复活节岛因神秘的摩艾石像而闻名于世，这里的神秘远不止如此，岛上还有无数令人不解之谜，如朗戈朗戈木板之谜。

朗戈朗戈是一种深褐色的浑圆木板，有的像木桨，上面刻满了一行行图案和文字符号，有长翅两头人；有钩喙、大眼、头两侧长角的两足动物；有螺纹、小船、蜥蜴、蛙、鱼、龟等幻想之物和真实之物。因宗教和战乱的原因，如今，朗戈朗戈几乎绝迹，而且岛上也找不到懂这种文字符号的人了。

"朗戈朗戈"是在太平洋诸岛所见到的第一种文字遗迹，其符号与古埃及文字相似。
❖ 朗戈朗戈木板拓片

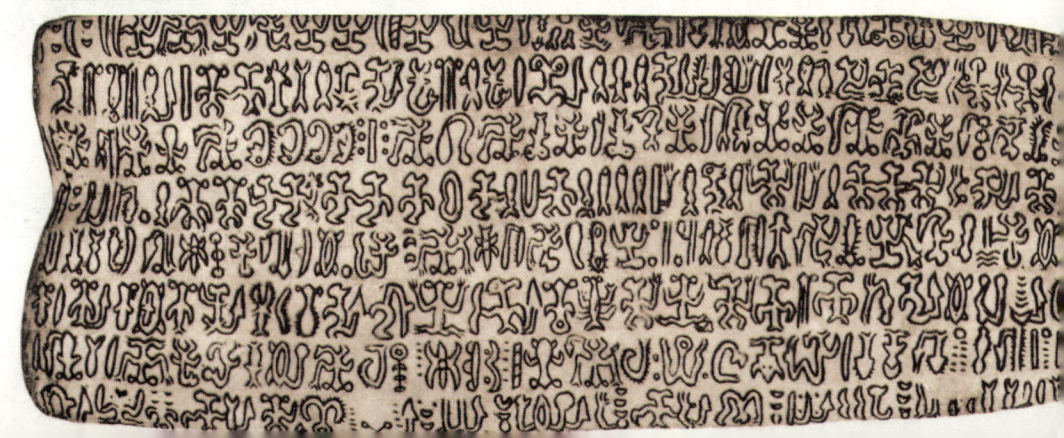

专家们认为朗戈朗戈是一种"会说话的木头",是揭开复活节岛古文明之谜的钥匙。

世界的肚脐

复活节岛的原住民称该岛为"世界的肚脐",这个称呼是他们的祖先留下来的,可是他们为什么会用这么奇怪的名字来称呼这座岛屿呢?这一直让人无法理解,"世界的肚脐"未必指全岛,可能仅指岛上的火山口如同肚脐眼,那就没什么神秘可言了。然而,直到有飞机从复活节岛上空飞过时,才发现复活节岛孤悬在浩瀚的太平洋上,如同一个小小的肚脐眼一样。可是问题来了,古人是如何能从高空鸟瞰到这个"肚脐眼"的?难道古人也能从高空鸟瞰这座岛屿?这使复活节岛又增添了许多谜团。

❖ **复活节岛战时专用的避难洞**
避难洞的洞口十分隐蔽,人们只有通过有尖角的或锯齿形的狭窄通道才能入内。洞底有大量的鱼骨和贝壳,还夹杂着禽类骨骼,几件用人骨、石头和火山玻璃制成的原始工具,以及一些骨头和贝壳做的护身符。远处,满眼都是草地和海水,那种磅礴的凄美感油然而生。

从生物天堂到荒无人烟

大约公元400年,拉帕努伊人漂流到复活节岛,这时的岛上是生物天堂,不仅有大片的棕榈树林,还有许多珍稀森林动物,远处的海洋里有海豚和海鸟,刚移居到这里的拉帕努伊人无须劳作就能衣食无忧。

可随着人口的增多,资源不断损耗,为了争夺资源,岛上开始有了战争,到了公元1500年左右,岛上的森林开始消失。在被罗格文发现后,复活节岛已然成为如今的样子。

欧洲殖民者的到来,给这里带来了更大的灾难,复活节岛上的原住民成了商品,被欧洲殖民者贩卖,很快,岛上仅有的2000人也在5年之内因贩卖、疾病、宗教等因素而锐减到了111人,直到19世纪末,智利政府宣布占领复活节岛,岛上的人口才逐渐增长到2000多人,即便如此,这里被称为"世界上最孤独的地方"也一点儿不为过。

人们一直公认,1722年4月,荷兰籍探险家、海军上将雅各布·罗格文首先登上复活节岛。实际上,1686年英国航海家爱德华·戴维斯在南太平洋环游时,曾无意之间发现了这座岛,岛上荒凉无比,到处都是石块的碎屑,有大量巨石人立于其上,于是他便将该岛命名为"悲惨与奇怪的土地"。

王子岛

王 室 成 员 的 囚 禁 所

王子岛夜空的星辰璀璨耀眼，大海波光粼粼，草坪广阔无垠，如此美妙之地却曾是拜占庭帝国时期获罪的王子或其他王室成员的囚禁所，随后的奥斯曼帝国也遵循此例，王子岛因而得名。

王子岛位于土耳其伊斯坦布尔的伊斯坦堡沿岸的马尔马拉海中，由9座小岛组成，有美丽的海滩、成荫的绿树，一幢幢别墅若隐若现，还有许多保存完好的拜占庭帝国时期的教堂、修道院和清真寺。

王子岛在拜占庭帝国时期是流放王子的地方，现在则已经成为富人们的乐园，也是外国游客夏日避暑胜地之一。

❖ 查士丁二世

早在公元6世纪时，拜占庭帝国皇帝查士丁二世就曾在王子岛上建造了一座囚宫，用于流放获罪的王子。

王子岛家家户户的门牌都是"定制"的，结合了房主的个性和创意，显得很精致。

❖ 很精致的门牌号

19世纪中期,在伊斯坦布尔和王子岛之间开始有汽船往来,许多生活在伊斯坦布尔的富人,如希腊人、犹太人、亚美尼亚人和土耳其人开始在岛屿上置业作为度假胜地,使岛上形成了许多特殊的小型民族社区。大量维多利亚时期的小别墅、小洋房至今仍完整地保存在王子岛上。

王子岛十分安静、悠闲,除了警局、消防局、医疗和其他特殊需要外,禁止机动车行驶,岛上最佳的出行方式只有4种:乘坐马车、骑自行车、步行、骑马,不管选择用什么样的方式出行,沿途均可吹着微咸的海风,欣赏到精致的拜占庭和土耳其风格建筑,品尝到地道的土耳其美食。

王子岛的常住人口不多,到了晚上8点以后基本就安静了下来,与对岸灯火通明的城市形成了鲜明的对比。对岸那些城市的喧嚣,似乎存在于另外一个世界,这里隔绝了烦恼与忧愁。

❖ **伊斯坦布尔**

伊斯坦布尔位于土耳其西北部,横跨欧洲和亚洲,是古代丝绸之路的终点。伊斯坦布尔是土耳其的第一大城市,在拜占庭帝国时期称为君士坦丁堡,1453年落入奥斯曼帝国手中,成为奥斯曼帝国首都,易名为伊斯坦布尔。

伊斯坦布尔是西方人眼里的东方、东方人眼里的西方。这座跨越欧亚大陆的城市带着一种独特的神秘感。

王子岛的9座小岛中最吸引人的是布于克阿达岛(也叫方岛,9座小岛中最大的岛),岛上的豪华别墅依山而建,错落有致地镶嵌在浓浓的绿荫之中。山顶可以俯瞰全岛及马尔马拉海,景色美不胜收。

王子岛中4座主要大岛为最靠近伊斯坦布尔的克纳乐岛、布日伽兹岛、海逸白利亚岛和面积最大的布于克阿达岛。

雷克雅未克

冒着烟的无烟城市

雷克雅未克到处都是间歇泉,热气弥漫,如烟如雾,如同是由精灵打造的童话世界。公元874年,维京人首次登陆这里,将此地命名为"雷克雅未克",意即"冒烟的海湾"。

雷克雅未克始建于874年,1786年正式建城,历史上曾分别隶属于挪威与丹麦。1944年6月,冰岛共和国成立,雷克雅未克成为首都。

人类历史中第一次记载间歇泉

据地质学家估算,冰岛的间歇泉已经活跃了1万多年,而雷克雅未克的这些间歇性喷出水柱的泉水,是人类历史中第一次以英语单词"Geyser(间歇泉)"记载的。

雷克雅未克地处火山活跃地带,地下水被不断加热,地下压力会变大,从而冲破地表,热的地下水遇到冷空气,便形成了"冒烟的海湾"。

根据传说,金发王哈拉尔德出身于挪威东南王国的王室,其祖先在挪威历史上赫赫有名。他的父亲和祖父都是挪威历史上众多小王国中的国王。哈拉尔德的父亲"黑王"哈夫丹40岁去世时,留给他一个很富裕的小王国。哈夫丹死后,10岁的哈拉尔德于公元860年继承王位,12岁时亲政。

◆ 金发王哈拉尔德雕像

雷克雅未克是冰岛首都,是冰岛最大的港口,也是主要政治、经济和文化中心。它四面临海,位于冰岛西部法赫萨湾东南角、塞尔蒂亚纳半岛北侧,非常接近北极圈,是地球上最北的首都,由于受北大西洋暖流影响,气候温和。

冒烟的海湾

9世纪末,金发王哈拉尔德统一挪威后,驱逐了许多不听话的部落首领。公元874年,被金发王驱逐的部落首领英格尔夫·阿尔纳尔松听说在大西洋中有一座新的岛屿(即冰岛),他便带着勇敢的族人和奴隶一起向冰岛航行,经过长时间的海上航行之后,他看到远处被冰雪覆盖的海湾沿岸升起了缕缕炊烟,以为一定有人居住,于是便把此地命名为"雷克雅未克",意即"冒烟的海湾"。英格尔夫随即在这里登陆并建立了居民点,事实上,这里处于荒蛮状态,根本没有农舍炊烟,英格尔夫所见到的炊烟是岛上的间歇泉喷出的股股水柱。

冰岛第一个居民点

公元 874 年，英格尔夫在雷克雅未克建立了冰岛的第一个居民点，英格尔夫和他的妻子海尔维格也被公认为是冰岛最早的永久定居者。

此后，来自挪威和爱尔兰的移民不断增加，整个雷克雅未克以及冰岛成为维京移民的据点，这其中就有后来发现格陵兰岛的红发埃里克。直到 10 世纪前期，冰岛历史上的移民时期才结束。

1786 年，丹麦统治冰岛后，雷克雅未克开始正式建城，冰岛独立后，这里成为冰岛的首都。

雷克雅未克有众多的间隙泉，其中最有名的就是大间歇泉，这是冰岛的必到打卡景点之一。大间歇泉是一个直径约 18 米的圆池，水池中央的泉眼直径有十多厘米，泉眼内水温高达百度以上。

❖ 直冲云霄的水柱

❖ 英格尔夫·阿尔纳尔松雕像

艰辛的行程

英格尔夫·阿尔纳尔松被挪威金发王驱逐期间，他们沿途征服并掳掠了一些爱尔兰人，当作奴隶用来划桨和战斗。作为与维京人有着世仇的爱尔兰人，不会放过谋杀维京人的机会，所以在途中爱尔兰奴隶多次试图谋杀英格尔夫，均失败了。

后来，英格尔夫的兄弟莱夫也来到冰岛定居，却被手下的爱尔兰奴隶杀死，英格尔夫为了替他报仇，在韦斯特曼纳群岛的一座无名岛将这些爱尔兰人杀死了。该岛屿因为这个事件被命名为西人岛。

据历史记载，雷克雅未克间歇泉喷涌的最大高度为 170 米，如今泉水喷涌高度和频率都有所减弱，不过依旧很壮观，每一次喷涌都如同一次生命的绽放，令人敬畏。

北欧处于高纬度地带，在维京时代，人们缺衣少食就不必说了，把罪犯赶出人群，让其自生自灭，与一刀毙命的刑罚相比，在恶劣环境下痛苦折磨而死更是残忍至极。可是如果能够在极致的环境中存活下去，那种人便会让人惊叹。

冰岛美景很多，而且不同季节有不同的美景，大部分知名风景都集中在首都雷克雅未克周边。

"黄金旅游圈"是到冰岛旅游的必选，圈内汇聚了各景点的精华，世界遗产"辛格维勒国家公园"在雷克雅未克的东北方向，在公园内有世界上最古老的民主议会会址，它还是美剧《权力的游戏》的取景地之一。

雷克雅未克以及整个冰岛有许多温泉，最值得推荐的是蓝湖，蓝湖面积不大，但却是冰岛最负盛名的温泉，湖水奶白色并透蓝，四周雾气缭绕，身入其中如临仙境，是一个泡澡和观景两不误的好地方。旺季里一票难求。

❖ 蓝湖一角

❖ 间歇泉

在遍布冰岛各地的间歇泉中，斯托克尔间歇泉最具代表性，它的喷发次数频繁，每隔 4~8 分钟喷发一次。

无烟城市

冰岛是由大西洋海底的火山喷发形成的，雷克雅未克的地热资源丰富，早在 1928 年就建立了地热供应系统。如今，这里的地热供应系统可为整座城市的人们的生产生活提供热水、暖气，甚至地热电能。雷克雅未克充满了国际大都市的活力，几乎没有污染，故有"无烟城市"之称。

❖ 哈帕音乐厅和会议中心
哈帕音乐厅和会议中心位于冰岛首都雷克雅未克的海陆交界处，是冰岛最新、最大的综合音乐厅、会议中心，哈帕音乐厅和会议中心拥有上千块不规则的几何玻璃砖，随着天空的颜色和季节的变化反射出连彩虹都相形见绌的万千颜色。

雷克雅未克的面积不大，步行或骑自行车均可很快到达任何目的地，也可从机场乘坐大巴到达市内的BSI公交终点站，然后乘坐公交车去往想要去的任何地方。

在雷克雅未克，除了观赏间歇泉外，其周围的乡村还有各式各样的探险路线：三文鱼垂钓、午夜高尔夫、帆船航行、爬山、徒步冰川、骑马和观鲸……让每个到此的人都能深刻体验到这座"冒着烟的无烟城市"的魅力。

❖ 雷克雅未克城市雕塑
这座雕塑或许应该取名为"压力山大"。

格陵兰岛

海盗吹嘘的"绿色的土地"

982年，维京人红发埃里克因为犯了杀人罪而被驱逐出冰岛，他在流放途中发现了北极圈内的一片陆地，于是他将此地命名为格陵兰（意为"绿色的土地"），其目的是吸引更多的人来此定居。

> 格陵兰岛南北连接大西洋与北冰洋，西邻加拿大，东望北欧和西欧，控制北冰洋进出大西洋的咽喉海域，可谓"通两洋、瞰两陆"。

格陵兰岛是世界上最古老的岛屿，它形成于38亿年前，其前身是海底大陆，由大陆板块碰撞而形成。格陵兰岛的面积为216.6万平方千米，是世界第一大岛，相当于10个大不列颠岛。它位于北美洲的东北部，在北冰洋和大西洋之间，气候严寒，冰雪茫茫，中部地区最冷，月平均温度为-47℃，绝对最低温度达到-70℃，是地球上仅次于南极洲的第二个"寒极"。就这样一块冻土却被红发埃里克吹嘘成"绿色的土地"。

发现格兰陵岛

> 格陵兰岛4/5的地区处于北极圈之内，85%的面积被冰雪覆盖，是一个苦寒之地，只有东南部沿海地区适合人类居住，想想在此坚持了500年的维京人，他们绝对是一个能够"吃苦耐劳"的人种。
> ❖ 冰天雪地的格陵兰岛

红发埃里克是挪威人，他有满头红发，具有典型的维京人特质，脾气火暴，不太遵循规则，经常犯各种错。

公元 970 年左右，20 岁的埃里克因与人打架并致人死亡，在被仇家和政府逼得无处躲藏的情况下，被他的父亲带着逃到了冰岛。

在冰岛，没有人知道埃里克过去的那些事，他还娶了一位冰岛姑娘，过上了平静的日子。然而，埃里克无法忍受每天重复的枯燥生活，渐渐地恢复了以往的火暴脾气，他在冰岛又连续杀了两人，因此被剥夺了公民权并被驱逐出境，向西流放 3 年。

冰岛西边哪里还有能去的地方呢？埃里克把家里所有的财物都装进一艘残破的小船里，带着一家老小，怀着一线希望，无可奈何地往西划去，在航行了 400 海里后，他发现了一座覆盖着厚厚的冰雪的岛屿，埃里克给这座岛起了个好听的名字："格陵兰"，并在此居住了下来。

格陵兰的英文名字叫"greenland"，意为"绿色的土地"，实际上，岛上只有 15% 的土地没有被冰雪覆盖，埃里克为了吸引更多移民来此，取了这个诱惑人的名字，并在外大肆宣扬这块绿

❖ 红发埃里克

红发埃里克出生于挪威的罗加兰，他的儿子莱夫·埃里克松后来也成为一名著名的探险家。

格陵兰岛最大城市努克的常住居民才 1 万多人，整个格陵兰岛的产业以旅游业和海洋渔业为主。

❖ 努克

❖ 格陵兰岛鲜艳的房屋

格陵兰岛并不像它的名字一样充满春意，那里气候严寒、冰雪茫茫。在红发埃里克到达之前60年，曾经有一个名叫贡比尧恩的挪威人在乘船去冰岛的途中遇到强风暴，被刮到一个叫不出名的高地，由于有巨大的冰块阻挡，贡比尧恩没能登陆成功，这座岛就是格陵兰岛，而贡比尧恩错过了发现大岛的机会。

在北欧也只有土豪才会去格陵兰岛玩耍，因为格陵兰岛的大多数生活用品只能从冰岛和丹麦进口，而北欧物价本来就高，再加上格陵兰岛的市场小，催生了高物价。

❖ 北极光

色的土地。正如埃里克在他的探险日记中所写："假如这个地方有个动人的名字，一定会吸引许多人到这里来。"在他的鼓吹下，数千维京人迁徙到这个荒凉的冰原上，从事狩猎与捕鱼，后来，岛上还迁移来了一些因纽特人，他们便是格陵兰岛最早的居民。

世界上的最大岛屿——格陵兰岛，就这样被一名走投无路的罪犯所发现，成为世界上唯一一个被罪犯所发现并命名的岛屿。

❖ 因纽特人村庄遗址

这是位于格陵兰岛南岸的纳萨尔苏瓦克城镇的因纽特人村庄遗址。这是一座陷入地下的石、木混合的房屋，算是早期比较先进的建筑了。

因纽特人的雪屋

格陵兰岛并不适合人类居住，但是由于这座岛被人类征服，使人类深入冰雪世界并为继续向北探险提供了可能。

如今，格陵兰岛大约80%的人口是因纽特人或因纽特人与丹麦人、挪威人等维京人的混血后代。

因纽特人就是我们常说的"爱斯基摩人"，不过，他们并不喜欢这样的称呼，因为这是敌人对他们的蔑称，意为"吃生肉的人"。

因纽特人是地地道道的黄种人，主要从事狩猎，辅以捕鱼和驯鹿，他们一般会养狗，用来拉雪橇。

因纽特人居住的房屋一般为石屋、木屋和雪屋，房屋一半陷入地下，门道极低。雪屋是将雪垒压、切割成雪砖，再堆砌而成的，是非常典型、独特的北极因纽特人的房屋。由于独特的建筑和生活方式，如今，因纽特人文化成为格陵兰岛的著名旅游项目。

邂逅北极光

格陵兰全岛85%的陆地被冰雪覆盖，这里最醒目的是突然出现的一排排色彩明亮、五颜六色的鲜艳房屋，加上环抱

格陵兰岛是一个由高耸的山脉、庞大的蓝绿色冰山、壮丽的峡湾和贫瘠裸露的岩石组成的地区。从空中看，它像一片辽阔空旷的荒野，那里参差不齐的黑色山峰偶尔穿透白色炫目并无限延伸的冰原。但从地面看去，格陵兰岛是一座气候差异很大的岛屿：夏天，海岸附近的草甸盛开紫色的虎耳草和黄色的罂粟花，还有灌木状的山地木岑和桦树。但是，格陵兰岛中部仍然被封闭在巨大冰盖中，在几百千米内既找不到一块草地，也找不到一朵小花。

❖ **在格陵兰岛观鲸**

努克是全世界最好的观鲸地之一。

冰峡湾位于格陵兰岛第三大城镇伊卢利萨特，此处的冰川每天流动20~35米，每年有200亿吨冰山崩裂并排出峡湾。这里的水面上常可见各种大小的浮冰。如今，在通往冰峡湾的沿途铺上了木栈道，便于徒步欣赏冰峡湾美景。

❖ **冰峡湾木栈道**

四周的冰山、冰川和矮小的树木及绿油油的草坪，仿佛童话世界一般。

此外，格兰陵岛还有极地特有的极昼和极夜现象，偶尔还会出现色彩绚丽的北极光，使这座被冰雪覆盖的岛屿更具奇幻色彩。

格陵兰岛是观赏北极光的理想地点，北极光时而如五彩缤纷的焰火喷射天空，时而又如手执彩绸的仙女翩翩起舞，给格陵兰岛的夜空带来一派生机。

世界最北的国家公园

格陵兰岛拥有"世界上最大的国家公园"和"世界最北的国家公园"——东北格陵兰国家公园，这座公园成立于1974年，面积为97.2万平方千米，约占整个格陵兰岛面积的45%。

东北格陵兰国家公园保护了格陵兰岛冰盖的广大区域，有高耸的山脉、庞大的蓝绿色冰山、壮丽的峡湾和贫瘠裸露的岩石等；还有许多动物生活在那里，包括北极熊、北极狐、海牛、白鲸等；以及各种鸟类，如白颊黑雁、粉脚雁、雪鸮、渡鸦等。

在格兰陵岛，除了城镇外，其他地方没有什么人间烟火，如同拓荒者到来之前一样，到处是冰川和神秘的无人之地，世界仿佛一片寂静。

圣萨尔瓦多

哥伦布登陆美洲的第一块土地

1492年,哥伦布率领船队在大西洋航行了70个昼夜后,在快要绝望的时候发现了这片土地,为此他将此地命名为"圣萨尔瓦多",意为"神圣的救命恩人"或"救世主",以示对神的感谢。

1492年8月3日,哥伦布受西班牙女王伊莎贝拉一世派遣,带着给印度君主和中国皇帝的国书,率领由3艘帆船组成的船队,从西班牙的巴罗斯港扬帆起航。这是一次横渡大西洋的壮举。在这之前,谁都没有横渡

哥伦布(1451—1506年),全名克里斯托弗·哥伦布,意大利探险家、航海家,大航海时代的主要人物之一,是地理大发现的先驱。

哥伦布出生于意大利西北部的热那亚地区,他的父亲是纺织工人,是信奉基督教的犹太人。青年时期的哥伦布从事过许多不同的职业。他经历过海难、海战,甚至还见过"长得不一样"的中国人。

哥伦布的航海人生要从他的婚姻开始说起,由于受《马可·波罗游记》的影响,年轻时的哥伦布就有出海探险的理想。他和一位家世显赫的葡萄牙姑娘结婚,借此进入了当时最有名的探险家族。婚后,他成天厮混于码头的酒吧里打探各种关于远方的传说。

❖ 哥伦布

《哥伦布航海日记》是对哥伦布航海过程的记录,但是其中也不乏记录着他们一行人对黄金的贪欲,为掠夺黄金,他们不惜对印第安人进行欺诈,内部也因此分裂。这是欧洲第一部记述新大陆以及欧洲人在新大陆活动的作品,充满了探险精神,一经问世即大受欢迎。500多年来被译成多种文字,备受各国读者的喜爱。

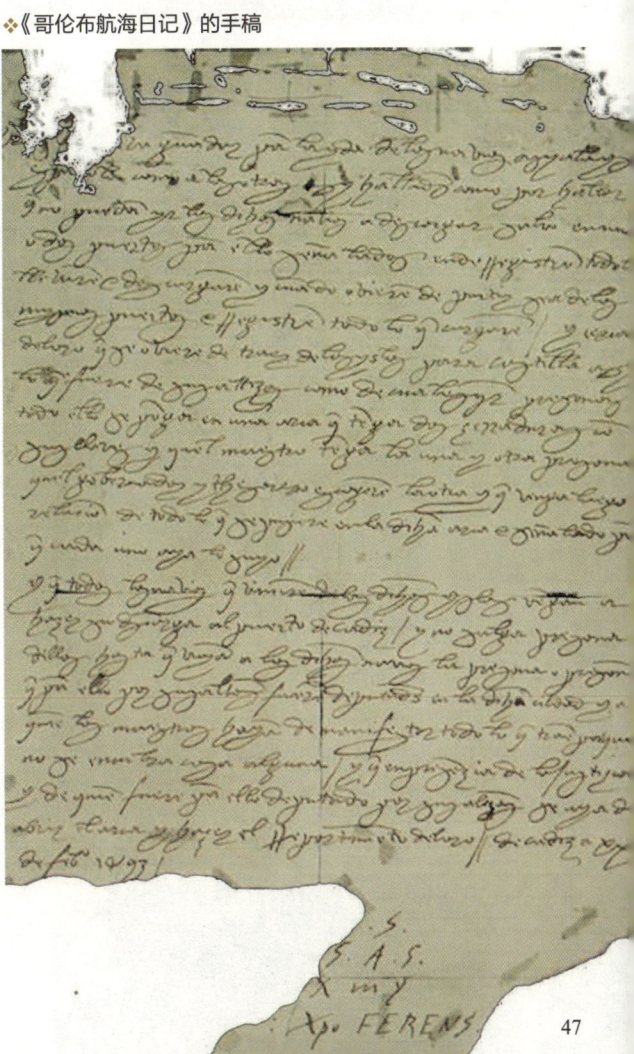

❖《哥伦布航海日记》的手稿

❖ **女王夫妇听哥伦布介绍如何探索新世界**

据说,女王伊莎贝拉一世赏识哥伦布的胆略,为了支持他的探险,甚至不惜拿出自己的私房钱资助他。

过大西洋,不知道前面是什么地方。经过70个昼夜的艰苦航行后,水手们沉不住气了,吵着要返航。哥伦布坚定地认为他们能够到达印度,他安抚了手下的船员,请求他们再给自己3天时间向西探索。1492年10月12日凌晨,他们终于发现了梦寐以求的陆地,即巴哈马群岛东部大西洋边缘上的一座小岛,当地原住民称为"瓜纳哈尼"(Gunahani,意为"我不懂")。哥伦布上岛后,将该岛命名为"圣萨尔瓦多",意为"神圣的救命恩人"或"救世

❖ **哥伦布舰队的旗舰——"圣玛丽亚"号**

"圣玛丽亚"号是哥伦布首航美洲舰队3艘船("圣玛丽亚"号、"平塔"号、"尼尼亚"号)中的旗舰。它只是一艘普通的帆船,在1492年2月25日晚上搁浅受损。

❖ 女王亲自送哥伦布出海

主"，这就是哥伦布首次登上美洲大陆的地方（哥伦布到死都以为他发现的是"印度"）。

哥伦布为了寻找中国和印度，无意中到达了美洲。从此，美洲结束了与世隔绝的状态，西班牙殖民者把整个巴哈马群岛上的卢卡约斯人掳往海地等地充当奴隶，导致岛上的原住民灭绝。

哥伦布的这次航行开辟了横渡大西洋到美洲的航路，使欧洲与美洲开始持续接触，并拉开了波澜壮阔的大航海时代的序幕。

❖ 登陆美洲的哥伦布一行人

哥伦布作为一个航海者是伟大的，但他同时也是一个万恶的殖民者，他在殖民美洲时所做的事是人们无法想象的。毕竟从一开始，这个伟大的航海家进行航海的目的就是获得黄金，这间接导致了三角贸易。

1492年8月3日，哥伦布辞别了西班牙女王，率领由"圣玛丽亚"号、"平塔"号和"尼尼亚"号3艘船及近120名船员组成的探险队出海。

14—15世纪欧洲资本主义开始快速发展后，对原材料的需求和掠夺的欲望促使了新航路的开辟。之后，欧洲人开始对美洲等进行政治控制，经济剥削和掠夺，宗教和文化渗透，并大量殖民，使该大陆原住民的土地丧失，成为宗主国的殖民地。

毛里求斯岛

以荷兰莫里斯王子的名字命名

马克·吐温曾在一篇文章中这样形容毛里求斯:"毛里求斯岛是天堂的故乡,因为天堂是依照毛里求斯而打造出来的。"于是,这里便有了"天堂的故乡"的美名。1598年,荷兰殖民者来到此地,被这座美丽的岛屿深深吸引,并以荷兰莫里斯王子的名字将其命名为毛里求斯。

毛里求斯是非洲国家,但它距离非洲大陆最东端有2200千米,中间还隔着一座面积巨大的马达加斯加岛。

毛里求斯岛位于亚洲、非洲和大洋洲大陆的中间,在马达加斯加岛和塞舌尔的西边,是印度洋上的一座火山岛,被称为"印度洋门户的一把钥匙"。

毛里求斯岛上熔岩广布,多火山口,形成了千姿百态的地貌形态:沿海是狭窄的平原;中部是高原山地,有多座山脉和孤立的山峰,森林茂密,多黑檀、桃花心木等名贵树种,景色颇为壮观。除了风景绮丽的自然风光外,毛里求斯岛还是动物们的天堂。

这是一座如桥梁般的悬崖,桥下激起汹涌澎湃的巨浪,使人不禁感叹大自然的鬼斧神工。

❖ 毛里求斯自然桥

❖ 殖民者的甘蔗园

曾被荷兰东印度公司控制

　　毛里求斯岛的历史最早可追溯到10世纪左右，当时东非沿岸的斯瓦希里人曾到达此地，并称它为迪纳·阿鲁比。

　　1505年，葡萄牙人马斯克林来到这里，他看到岛上满是扑扑棱棱飞舞的蝙蝠，于是把这座岛屿叫作"蝙蝠岛"。当时，葡萄牙几乎控制着整个大西洋向东的海上贸易通道，因此，马斯克林对这样一座荒无人烟的岛屿毫无兴趣。

莫里斯王子是指拿骚的莫里斯，他是荷兰国父奥兰治亲王（沉默者威廉）的儿子，在父亲死后继位，以出众的军事天分而闻名于世。

❖ 莫里斯王子

毛里求斯属于亚热带海洋性气候，全年分雨、旱两个季节，平均温度25℃。这里风景优美，海景尤为独特，拥有"阳光之岛""天堂岛"的美称。

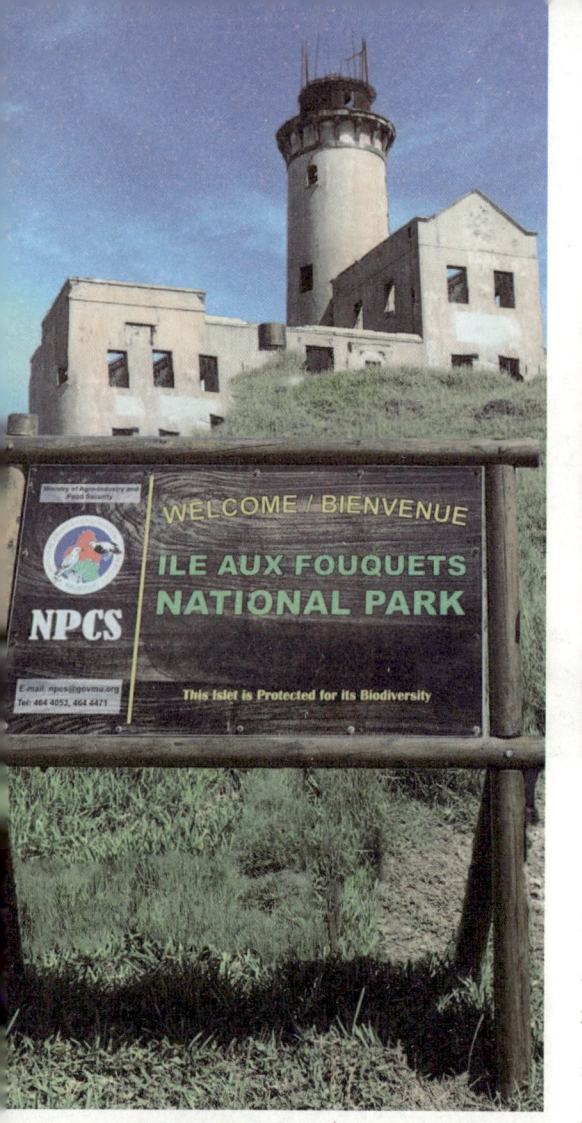

❖ 《分手大师》取景地

这是毛里求斯的灯塔岛，也是电影《分手大师》的取景地。

阿德莱德堡位于路易港东南面的炮台山上，可以俯瞰整个路易港全景。这是一个军事防御堡垒，未对外开放，但是付费给守后可以进入。

❖ 阿德莱德堡

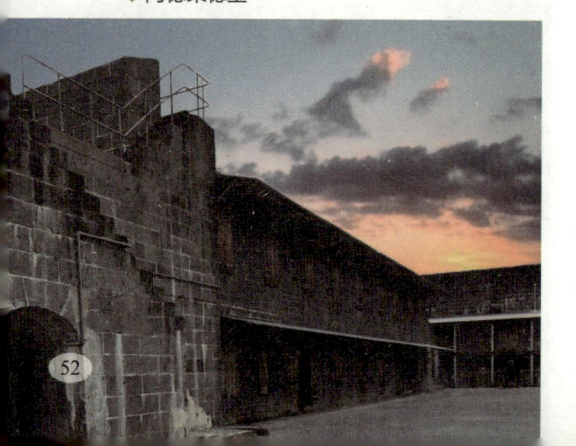

❖ 毛里求斯炮台遗迹

1598年，荷兰殖民者来到这里，并以荷兰莫里斯王子的名字将其命名为毛里求斯。之后，这里被荷兰东印度公司控制，成为甘蔗种植基地，岛上的糖业生产迅速发展，丰厚的利益使它成为列强们眼中的香饽饽，其先后被荷兰、法国、印度、英国所统治。直到1968年，毛里求斯宣布独立，成为英联邦成员国才告别了被盘剥的命运，其在经济方面仍保持单一种植制度，甘蔗种植面积占总耕地面积的93%。

路易港

在荷兰殖民者来到毛里求斯100多年后，法国殖民者占领了这里，并使岛上的制糖业和茶叶贸易得到迅速发展。1735年，法国总督布唐奈斯在毛里求斯西北岸建立了一座贸易港，并以法国国王路易十四的名字将其命名为路易港。

后来,英国殖民者又将整个毛里求斯变为欧洲到印度的中转站,路易港成为一个繁荣的中转港口。

如今,路易港是毛里求斯的首都,也是主要港口,这里聚居着非洲人、欧洲人、阿拉伯人、印度人等,以及众多的华侨。

路易港的建筑风格多样并具有各个时期的特点,既有西方式的议会大厦、市政厅、教堂等,也有阿拉伯式的清真寺、印度式的寺院和中国式的庙宇,还有许多殖民时期的建筑,如阿德莱德堡。除此之外,在路易港港区还有一座自然博物馆,馆内藏有一具已经灭绝的渡渡鸟的骸骨,这种鸟是毛里求斯的象征。

❖ 毛里求斯海底瀑布

毛里求斯曾是世界上唯一有渡渡鸟的地方。渡渡鸟是一种不会飞的鸟,可惜这个稀有鸟种已经在17世纪末灭绝。毛里求斯的茶隼和粉鸽也是世界上的珍稀动物。

❖ 灭绝的渡渡鸟

红顶教堂位于路易港,红色的屋顶、白色的墙面、绿色的草坪再加上蓝色的海洋作为背景,使它成为毛里求斯的浪漫之地,许多明星曾在此打卡。

❖ 红顶教堂

与中国类似的习俗

毛里求斯虽然一直被欧洲各国殖民，但是它作为欧洲与东方贸易的中转站，时常会有华人到访和移民于此。据记载，早在18—19世纪时就有广东人和福建人向毛里求斯岛移居，在清末和民国初年曾发生过一次大规模的移民潮。他们大都是来此经商、务工或者是随海船而来的水手，我国的风俗也被带到这里，并影响了整个毛里求斯。

如今，毛里求斯有许多习俗与我国类似，如祭祀祖先、烧香拜佛、清明扫墓等，最具特点的要数毛里求斯的"关帝庙"，它也是这里的各种神庙中香火最鼎盛的。

透明到极致的小岛

如今，毛里求斯是非洲少有的富国之一，2016年，毛里求斯的人均GDP达到9628美元，拥有相对富裕的生活和较为发达的经济，被人们称为"非洲瑞士"。

毛里求斯发达的经济除了得益于历史延续的甘蔗种植之外，旅游业也成为其一大经济支柱。

毛里求斯岛像一块碧绿的翡翠，被周边一层浅绿色、如同水晶体的海水包围着，浩渺、蔚蓝的印度洋高达两三米的

七色土的传说

关于七色土有一个很美丽的传说：以前有一个俊美的少年，循着彩虹来到仙境。他被仙境深深吸引，久久不肯离去。但是，他终究不属于这个地方，于是在离开的时候，他向仙女们请教再次造访仙境的方法，仙女们看着这个俊美的少年不忍拒绝，便往人间撒下七彩仙粉，仿造仙境造出七色土，这便是人间天堂。

据当地人介绍，即使是把山坡上不同颜色的土翻耕，混合在一起，只要经过几场大雨，山坡上的七色土又会恢复原状。

❖ 七色土

❖ **毛里求斯唐人街**

据说,太平天国天王洪秀全的后人,被清兵追杀时无路可逃,只得往西南下海,越过印度洋,到达毛里求斯岛定居下来。

巨浪拍打在毛里求斯岛海岸,如同给它绣上了一圈白色闪亮的花边。

毛里求斯岛周边的水呈绿色、橙红色、白色等自然色彩,混合在一起变成一幅充满神秘感的风景画。

毛里求斯岛除南部有一小段海岸线外,几乎整座岛都被珊瑚礁包围着,拥有多样化的生物,也是大量濒危珊瑚的栖息地,是一个世界闻名的潜水胜地。

毛里求斯素以风光旖旎著称于世,拥有白色的沙滩和碧蓝的海水,干净得出乎人的想象,如果只凭想象,你永远无法触摸到它的真容。它拥有一张典型的非洲面孔——热烈奔放,骨子里却透露着法国的浪漫、英国的优雅和印度的妩媚。

毛里求斯由于多种族杂居,饮食显得五花八门,如印度咖喱、东非烧鸡、英国烧牛肉、客家人的梅菜扣肉等,岛上也盛产水果和海鲜,价格适宜,种类繁多。

毛里求斯的高尔夫球全球排第三名,仅次于英国和印度。另外,毛里求斯的卡纳俱乐部是南半球最古老的高尔夫俱乐部,也是世界上第四大古老的俱乐部。

❖ **莫纳山**

莫纳山在2008年被列入世界自然遗产。传说在19世纪初,即毛里求斯奴隶制度被废弃前夕,有一群奴隶不堪剥削,逃亡到莫纳山避难。这群奴隶并不知道,在他们逃亡过程中奴隶制度被废除,当他们看到一队士兵向莫纳山而来,奴隶们十分惊恐,退到悬崖边,由于害怕被抓,从悬崖上跳下身亡。

美洲

谁是第一个登陆美洲的人

哥伦布一直被许多人认为是新大陆（美洲大陆）的发现者，但是美国却正式承认维京人莱夫·埃里克松是第一个到达美洲的人。

美洲的最早发现者有争议。美国《林肯每日星报》2014年11月14日的报道称，有证据表明中国航海家郑和可能最先发现美洲新大陆。

美洲是亚美利加洲的简称，这个名字的来历是为了纪念一位意大利航海家亚美利哥·韦斯普奇。他于1499年探索了南美洲的东海岸和加勒比海地区，最早意识到哥伦布发现的"印度"是一个新的大陆，并绘制了新大陆的地图。他的名字用拉丁文写是"Americus Vespucius"。因为其他大陆用的名字都是女性化的拉丁语，所以，"Americus"就变成了女性化的拉丁语"America"。

❖ 莱夫·埃里克松雕像

莱夫在海上探险的过程非常惊险，但由于他都闯了过去，于是他有一个"好运莱夫"的绰号。

1964年，美国总统林登·贝恩斯·约翰逊在国会的一致支持下，宣布每年10月9日为"莱夫·埃里克松日"，以纪念这位第一个踏上北美洲领土的欧洲人。

维京人是集探险家、海盗、商人、武士于一体的海上贸易集团，他们在公元8—11世纪到达全盛时期，当时他们的活动区域从北欧向欧洲内陆、美洲等地渗透。

莱夫·埃里克松出生于公元970年或980年，他与其兄弟早年跟随父亲红发埃里克生活在格陵兰岛，同时探索着周边的蛮荒之地。

酷爱冒险的莱夫·埃里克松不甘于在格陵兰岛周边活动，于是驾船去往更远的地方探险，他到达了一座充满平板石的岛屿，将其命名为赫尔陆兰，意为"平石之地"，此地就是今天加拿大的巴芬岛；接着他又抵达了一座岛屿，他将其命名为马克兰，意指"树岛"，马克兰就是今天北美哈得孙湾与大西洋间的拉布拉多半岛。之后，莱夫又发现了一座岛屿，这里有丰富的水产，气候温和，冬天只有一点儿霜，没有冰天雪地，他将其命名为文兰，并在此岛居住了很长一段时间。

后来，莱夫在返回格陵兰岛的途中，又发现了一块大大的陆地，这就是北美洲。虽然哥伦布一直被许多人认为是美洲的发现者，但是莱夫却早他500年就发现了这个大陆，并且被美国正式承认了。

好望角

通往东方的希望

1488年12月，葡萄牙探险家迪亚士回到首都里斯本后，向国王若昂二世描述了他在"风暴角"的见闻，若昂二世认为绕过这个海角就有希望到达梦寐以求的印度，因此将"风暴角"改名为"好望角"。

15世纪，西方与东方的贸易航线被阿拉伯人和威尼斯人控制，他们通过将东方的香料、香水、茶叶、丝绸和药品等运到欧洲出售，大发其财。尤其是《马可·波罗游记》出版之后，书中描述的富庶东方就一直是欧洲人向往的地方，当时新兴的航海国家葡萄牙也想在与东方的贸易中分一杯羹，但是它被威尼斯排挤在地中海贸易之外，因此葡萄牙想越过威尼斯和阿拉伯的中间商，直接跟东方做生意。

15世纪下半叶，葡萄牙国王若昂二世曾派遣多支船队出海探险，希望能够探索出一条通向印度的航道。

❖ 迪亚士

1500年，"好望角之父"迪亚士再航好望角，这次却因遇巨浪而葬身于此。

好望角是一个细长的岩石岬角，像一把利剑直插入海底。在好望角的一侧耸立着一座灯塔，颇具历史，这座白色灯塔不仅是一个方向坐标，同时在它的告示牌上还清楚地写着世界上10个著名城市与它的距离，如北京12 933千米。

若昂二世（1455—1495年），葡萄牙阿维什王朝君主，大航海时代的开创者，在位期间，他大力支持开辟通向印度的新航路。

❖ 若昂二世

❖ 观景台上古老的灯塔

1849年，好望角建造了一座灯塔，因为这里经常有雾，不能很好地发挥它作为灯塔的作用，于1919年废弃，改建成观景台，倒也物超所值。

1487年8月，著名航海家迪亚士奉葡萄牙国王若昂二世之命，率领由3艘船组成的探险队从里斯本出发，目的是沿着非洲西海岸南下，绕过非洲，寻找一条通往马可·波罗所描述的东方"黄金乐土"的海上通道。

迪亚士率领探险队经过南纬22°后，开始探索欧洲航海家还从未到过的海区。大约在1488年1月初，迪亚士航行到南纬33°线。1488年2月3日，他到达了今天南非的伊丽莎白港。迪亚士认为自己真的找到了通往印度的航线，为了印证自己的想法，他让探险队继续向东北方向航行。3天后，他们到达非洲最南端一个未知名的岬角，但是强劲的风暴使这支探险队遭遇了前所未有的危险，无奈之下，迪亚士只能被迫折回葡萄牙。

迪亚士将这个迫使他们返航的岬角命名为"风暴角"，并向若昂二世做了汇报，若昂二世听完迪亚士的描述后，认为他虽然未能成功开辟到达印度的航线，却有力地推动了发现印度航线的进程，因此这个岬角是通往东方的希望，所以将"风暴角"改名为"好望角"。

好望角代表着葡萄牙人乃至欧洲人成功开辟通往东方航线的美好希望。1497年11月，达·伽马率领船队将这个希望变成了现实，从此，好望角成为欧洲人进入印度洋的海岸指路标。

❖ 好望角新灯塔

好望角老灯塔停止使用后，在老灯塔前端山腰间又修建了一座新灯塔，站在通往观景台的阶梯上才能发现它的存在。

❖ 好望角木质地标牌

温哥华岛

超 有 "英 伦 范" 的 岛

18世纪中期,英国探险家、皇家海军军官乔治·温哥华最早完成对温哥华岛的测绘和勘查,并确立了英国对此地的管辖权,后人便用他的名字命名该岛,同时冠以其名的还有附近的温哥华市。

温哥华市位于加拿大西南部的太平洋沿岸,是加拿大的主要港口城市,按照习惯来理解,温哥华市肯定在温哥华岛上,但并非如此。温哥华岛是一座位于温哥华市东侧对岸的岛屿,有"北美第一岛"之称。这里的一切都充满"英伦范",既有高山、流水、森林步道组成的美丽的风景线;也有古建筑、庙宇、教堂、花园组成的城市;更有海湾、沙滩、海水映衬的戏水天堂。

很早就有人类居住

温哥华岛在千年前就已经有人定居,他们分别是撒利希人、努特卡人和夸扣特尔人。1774年,西班牙船队来到此地,这里丰富的皮毛资源被西班牙人大肆掠夺,丰厚的皮毛贸易利益很快吸引了更多其他欧洲国家的探险者和贸易商,最终经过战斗,英国殖民者控制了这座岛屿。1843年,哈得孙湾公司在岛的南端建立了据点,也就是如今的维多利亚市。1848年,温哥华岛殖民地正式建立,詹姆斯·道格拉斯是第一任总督,维多利亚市是殖民地首府。英国曾统治这里近百年,直到1871年,温哥华岛随着不列颠哥伦比亚一起加入加拿大联邦。

❖ 乔治·温哥华雕像

在温哥华岛有很多沙滩和森林步道,为人们提供了多种海上和户外运动项目。

❖ 温哥华岛森林步道

❖ 温哥华岛海岸线上的艺术品

在温哥华岛180千米长的海岸线上有很多这样的艺术品，有用朽木做的，有用石头垒的，也有用沙子直接堆成的……

最丰富的生态系统

　　温哥华岛与我国台湾岛的面积差不多大，岛上人口75万人左右，是真正的"地广人稀"。岛中央有东西向横贯的山脉，俗称"温哥华岛山"，这里有众多户外活动项目，如登山、滑雪等。就整座岛屿而言，东岸以沙岸地形居多，并且靠近加拿大本土，开发程度

❖ 雷鸟公园图腾柱

雷鸟公园是温哥华岛一处大型露天的户外印第安文化展示区。图腾柱上是雷鸟图形。

比西岸要好；而西岸多为陡峭的岩岸和峡湾地形，尚未被完全开发，但是也正因为如此，这里成为钓客、潜水者及其他水上活动爱好者的天堂。

温哥华岛从南部魅力非凡的维多利亚市，一直延伸到北端的细软海滩和崎岖的斯科特角，连同海湾一起，拥有大片的原始森林、耸立的高山和绵延的海岸线，从而造就了地球上生物多样性最丰富的生态系统之一。

熊雨林

温哥华岛是北美大陆西海岸最大的岛屿，这样的地理环境似乎与雨林搭不上边，但是温哥华岛却有世界上少有的温带雨林，又名熊雨林，这里因生活着一种极为神秘、相当珍贵的"白灵熊"而得名。熊雨林中遍布树龄超过千年的珍贵树木、蜿蜒曲折的河道，在这里繁衍生息的动物有海岸狼、鹰、棕熊、鹿、山羊等。熊雨林沿海及海洋中有海豹、海狮、海豚以及各类鲸等生物。

❖ 白灵熊
白灵熊（卡莫德熊）并非北极熊，它们生活在加拿大的熊雨林，即英属哥伦比亚海岸与温哥华岛之间。

❖ 风平浪静的峡湾

❖ 温哥华岛唐人街
这里是加拿大最大、最古老的唐人街，在整个北美洲规模也是第二大，始建于1858年，比加拿大建国还早。这里的华裔移民大多是趁着淘金热而来的，一部分来自我国广东省，也有一部分是先到达美国东部再辗转前来的。英国女王伊丽莎白二世曾来此参观，该地也因成为英国王室唯一造访过的唐人街而名震一时。

❖ 为暴风雨而生的酒店

维克安宁尼西酒店坐落于温哥华岛的太平洋沿岸,是一家为暴风雨而生的酒店。2019年,它被《悦游》杂志评为"加拿大第一度假胜地"。它孤零零地伫立在太平洋海岸的礁石之上,被惊涛骇浪和原始雨林紧紧包围。

❖ 雨林环抱的湖面

全球最适合观赏风暴的目的地之一

温哥华岛西海岸是全球最适合观赏风暴的目的地之一。太平洋的暴风雨团会在每年的11月到次年的3月怒袭温哥华岛西海岸。期间,人们只需入住沿海的酒店,站在大大的玻璃窗边,就可以欣赏到飓风以时速70多千米、卷起3米多高的海浪拍打海滩,撞击酒店脚下的岩石,惊涛骇浪卷起的浪花砸在酒店的玻璃窗上的景象,令人胆寒,使人不禁想到一句很应景的话:"在追风暴的人眼里,暴风骤雨绝对是大自然最神奇的杰作之一,就如同大海会咆哮,人类会愤怒。有人视它为灾难,有人却迷醉它的狂野之美。"

温哥华岛西海岸还有不计其数的海湾、河口、沙滩等,可以免受风暴袭扰,是一个休闲度假的好去处。

开在加拿大国土的英伦玫瑰

温哥华岛上几乎50%的人群居住在首府维多利亚市,它既是岛上第一大城市,也是岛屿西岸最古老的城市,就像是一朵开在加拿大国土的英伦玫瑰,整座城

❖ **省议会大厦**

省议会大厦是一座宏伟的维多利亚式建筑，历史感浓厚，面对着美丽的维多利亚内港。

❖ **魁达洛古堡**

该堡建于1890年，是当时靠煤矿发迹的富商罗勃特及其夫人兴建的私家古堡，后来古堡被其后人拍卖，先后成为部队医院、维多利亚学院和维多利亚音乐学院，直至1979年成为博物馆。它是维多利亚市的地标性建筑，被指定为加拿大国家历史遗址。

市的建筑文化、风俗习惯都很有"英伦范"。

维多利亚市最繁华的地方是维多利亚港，港内停满了游艇，岸边是环绕港湾的大道，大道边上依次建有省议会大厦、皇家伦敦蜡像馆、皇家BC博物馆、皇后大酒店和太平洋海底花园等。

大道边上立有古典味很浓的路灯，路灯上挂满了鲜花，无论白天还是晚上，沿街都会有许多的街头艺术家，如画师、手工艺者、拉小提琴的、唱歌的、杂耍的……满满的"英伦范"，来此走上一遭，别有一番情调。

❖ **小气鬼图腾柱**

温哥华岛上有许多由高大雪松雕刻成的拙朴图腾柱，是当地原住民用来记录历史的工具。柱上的每一个图案都代表着特殊含义，然后一个个叠上去，便组成一根可以叙述事情的柱子。1867年，一位经过此地的美国议员接受当地原住民的丰厚赠礼后，却没有任何回礼，便被在图腾柱上雕刻成一个小矮人，脸被涂成白色，嘲笑他是个小气鬼，被人嘲笑了100多年。

❖ 布查特花园内的喷水龙

这是我国苏州赠送给布查特花园的。

布查特花园——世界级室外花园

布查特花园是温哥华岛上最值得一游的地方，位于维多利亚市郊区，花园内按风格分为5个区，有日本花园、玫瑰花园、意大利花园、地中海花园，以及一个"下沉花园"，之前完全是被挖空的丑陋深坑，被花园丁们装扮成了巧夺天工的美景。

布查特花园自1904年开始修建，在110多年的时间里，经过布查特家族4代人的辛勤耕耘，布查特花园成为世界上最大、最美丽的私人花园之一，并被加拿大政府定为"加拿大国家历史遗址"。

除此之外，维多利亚市还有很多著名的景点，如魁达洛古堡、布查特花园、蝴蝶花园、唐人街、水晶花园和维多利亚大学，这些景点相互之间的距离不远，徒步不久就可以到达。

除维多利亚市以外，温哥华岛上还有邓肯、纳奈莫、艾伯尼港、考特尼、北考伊琴、哈迪港、坎贝尔里弗等众多古镇，以及繁花似锦的花园、绿树成荫的海滨公园、富丽堂皇的酒店和博物馆、波希米亚风格的餐厅及精酿啤酒厂。这座岛屿虽然在地理上更靠近美国，但其气质却更有"英伦范"，是度假休闲的上上之选。

❖ 布查特花园

巴巴多斯岛

长有胡子的岛屿

1518 年，西班牙殖民者登陆该岛，他们发现这里绿树成荫，每棵树上都垂挂着缕缕青苔，好像长着胡子一般，于是给它起名为巴巴多斯，意为"有胡子的"。因此，巴巴多斯又被称作"长胡子的国家"。

巴巴多斯岛位于西印度群岛最东端、大西洋和加勒比海的分界线上，呈瓜子形，面积只有 430 平方千米，岛上风光奇秀，是世界著名的旅游胜地。它的每一处地方都有各自不同的景致，灿烂的阳光、湛蓝的海水、美轮美奂的沙滩、油绿色的树木、绚丽的鲜花、安静的旅店小楼，在这里组成了一幅迷人的风情画卷。

长胡子的国家

16 世纪前，印第安人和加勒比族在巴巴多斯岛上安居乐业。拉斐尔·萨巴蒂尼在他的海盗小说中这样描述这座岛屿："岛上充满了诱人的芳香，这是胡椒与柏木的味道。"

1518 年，西班牙殖民者循着香味来到巴巴多斯岛，他们发现这里绿树成荫，每棵树上都垂挂着缕缕青苔，就好像长着胡子一般，于是给它起名为巴巴多斯，意为"有胡子的"。西班牙殖民者以及十余年后入侵的葡萄牙殖民者发现岛上的原住民很健壮，于是动用武力掳走他们，并贩卖到各地的制糖工厂做奴隶，使整座岛几乎变成了无人岛。

❖ 巴巴多斯首都机场内的欢迎图

> 巴巴多斯过去是加勒比海盗的老巢，海盗们在这里慢慢发展起来，同时也把巴巴多斯朗姆酒带到世界各地。

❖ 贩卖奴隶

❖ 北点

北点就是巴巴多斯岛最北端，这里是巴巴多斯最著名的景点，也是大西洋和加勒比海的分界点。这里水深、浪急、风大，岸边激起的大浪十分壮观。

在北点还有一处著名而有趣的标志，即各大洲主要国家的名字都被分别写在一块木牌上，木牌指着这些国家各自的方向。

❖ 有趣的指示牌

1620年，英国人登上这座几乎荒无人烟的岛屿并建起了甘蔗种植园，他们从其他地方运来了大量的黑人奴隶种植甘蔗、熬炼砂糖。1834年英国被迫在这里废除奴隶制。1966年11月30日，巴巴多斯宣告独立，并加入了英联邦，2021年，取消了英国女王的元首地位，改制成共和国，并迎来了第一位总统。

巴巴多斯雨量充沛、土质肥沃，而且旅游业发达，是拉丁美洲第一个发达国家，也是世界上第一个以黑人为主体的发达国家。

布里奇顿

巴巴多斯的首都是布里奇顿，这里虽说是它的首都，人口却只有10万人，比我国沿海的镇大不

❖ 布里奇顿港边的步道

了多少，它是巴巴多斯政治、经济、文化和交通的中心，同时也是东加勒比地区的贸易枢纽。

布里奇顿位于巴巴多斯西南海岸的卡里斯尔湾畔，1628年由英国殖民者建城，由于当时英国殖民者发现了一座印第安人的木桥，由此得名桥镇。

布里奇顿中心的卡里内奇河附近有宽阔的国家英雄广场，广场边有两座用珊瑚石建成的新哥特式大楼，一栋是议会所在地，另一栋是圣·米歇尔教堂。除此之外，城区很少有高楼大厦，街道也不宽，店铺一家挨着一家，游人很多。

布里奇顿市区西侧是布里奇顿港，它是一个综合性港口，也是西印度群岛的深水良港之一，每年来港船只达1.8万艘次以上。

阳光富翁

巴巴多斯岛处于热带，全年平均日照时间可达3000小时，有取之不尽的阳光，被誉为"阳光富翁"。

巴巴多斯岛有绵长的海岸线和众多海滩，其北端的海岸多岩礁，适合垂钓和潜水，其中最有特色的是巴希巴海滩，这个海滩上有许多"头大脚小"的礁石，是当地的打卡胜地。巴巴多斯岛西海岸和南海岸的海滩则柔软细滑，尤其是西海岸从首都布

❖ **美洲白鹈鹕**
巴巴多斯的国鸟为美洲白鹈鹕，它是一种大型游禽。

❖ **金凤花**
巴巴多斯的国花为金凤花。它是豆科云实属直立常绿灌木，高达3米，为热带地区有价值的观赏树木之一。

布里奇顿最北端向东不远有一段神秘的磁路，它是一条长约百米、坡度为15度的柏油马路，小轿车挂空挡，停在坡下会鬼使神差地自动爬上山坡。据说磁路附近有一个较强的磁场。
❖ **神奇的磁路**

❖ 哈里逊岩洞

里奇顿向北直至圣詹姆斯和圣彼得之间的海滩,终年都无风、无浪,海水清澈见底,平静如镜,既有洁白如玉的白沙滩,也有粉色的沙滩,海滩一片连着一片,是旅游度假、享受阳光的好去处。

> 巴巴多斯岛周边海域由于水母和海胆较多,在下水时一定要注意别被蛰到。

哈里逊岩洞

在离布里奇顿不远处的海岸线上有一座巨大的洞穴——哈里逊岩洞,洞穴内有众多石笋、石钟乳和石柱,这是历经几万年或几十万年因水流侵蚀石灰石而形成的结果,其形态婀娜多姿,是巴巴多斯最漂亮的自然地质地貌,也是到巴巴多斯旅游的首选景点。

❖ 探索巴巴多斯海底沉船

潜水胜地

巴巴多斯岛是一个美丽的珊瑚礁王国,水下有各种各样的珊瑚和海洋生物,还有一艘100多年前的海盗船沉没在海底,是潜水者的天堂。假如不会潜水,又喜欢海洋生物,这里还提供潜艇服务,可乘载着游客潜入幽蓝的深海,近距离欣赏美丽的珊瑚和成群的热带鱼。

南塔克特岛

遥 远 之 地

11世纪左右，维京海盗从斯堪的纳维亚驾驶着长船，经过长途跋涉后曾"到访"过这里，他们不仅没有对此地进行劫掠，还受到了印第安人的热情款待，和当地人成了朋友，此后，印第安人将此地称为"Canopache"，意为"和平之地"，而维京人则称之为南塔克特，即"遥远之地"。

南塔克特岛位于美国马萨诸塞州（简称"麻省"）南部鳕鱼角（科德角）以南约48千米的海上，是一个面积约200平方千米的小岛城，常住人口仅有1万人左右，但每当夏季来临时，岛上的人数就会剧增，甚至比平时翻5倍，这是由于南塔克特岛靠近墨西哥湾流，在夏季比大陆凉快10%，冬季又温暖10%，它与麻省的另一座岛屿马萨葡萄园岛一样，是一个极佳的避暑胜地，许多美国名流都热衷于在这里度假并购买度假别墅。

有几百座古建筑

南塔克特岛一直保持着和平和僻静，甚至在维京海盗的鼎盛时期，维京人驾驶长船沿途劫掠时到达这里，也没有对这个"遥远之地"造成伤害，反而和当地的印第安人成了朋友。

文学名著《白鲸》中这样描述南塔克特岛："拿出你的地图看看这个岛，看看它是不是真正的天涯海角；它离海岸那么远，绝世独立，甚至比艾迪斯通灯塔还要孤单。"时至今日，它依然有惊人的美景和具有历史意义的国家级标志。

从麻省南部的鳕鱼角乘坐摆渡游轮，在海上航行1小时后，可抵达南塔克特岛。
南塔克特岛呈半月形，一条沙带保护着绵长的天然港，村庄安居在内陆，在140千米长的海岸线上，碧水、蓝天一望无际，绿树成荫，繁花似锦，其间点缀着大大小小的酒店和各种精品店，这里是许多新英格兰中产阶级家庭度假的首选之地。
除了自然风光和海岸美景外，岛上的历史氛围也深深地吸引着游客。
❖ 南塔克特海滩

❖ 岛上的豪华别墅
南塔克特岛的房价在马萨诸塞州乃至全美国都是最高的。

❖ 南塔克特岛海湾

后来,英国殖民者来到南塔克特,英国国王查理二世将马萨葡萄园岛和南塔克特岛送给了殖民商人托马斯·梅耶。

南塔克特岛上布满池塘、盐沼和草地,生存环境恶劣,于是托马斯·梅耶以30英镑和两顶獭皮帽的价格将南塔克特岛转手卖了出去,他和妻子一人分了一顶獭皮帽。

南塔克特岛经过科芬家族、斯温家族、派克家族的经营,在这里留下了800多座建于1850年之前的建筑,且汇集了世界各地的建筑风格于一体,如今,这座岛屿是全美国古建筑群最集中的地方。

曾经的世界级捕鲸中心

自17世纪中期以来,南塔克特岛因为港口优势成为捕鲸船的集散地,这里的港口最多时能容纳150艘船,是一个世界级的捕鲸中心,每天都有大量的捕鲸船只从南塔克特岛出航和归航,从此处交易的鲸油被运往世界各地,几乎点亮了整个欧洲的灯。美国著名海洋小说《白鲸》中的主人公以实玛利就是从这里登上捕鲸船"披谷德"号出海捕鲸的。

它建于1806年,是美国历史上至今存留下来的最古老的监狱之一。

❖ 南塔克特岛最古老的监狱之一

❖ 岛上古老的路灯

❖ 捕鲸博物馆
南塔克特捕鲸博物馆位于建于1846年的蜡烛厂内。

19世纪中期后，随着石油工业的出现，燃油开始取代鲸油，南塔克特岛的经济开始衰退，捕鲸也成了历史。许多南塔克特人因此失去了谋生的手段，移居至加利福尼亚州。如今，人们只能从南塔克特捕鲸博物馆中了解当时捕鲸的场面。

❖ 罗斯福
美国总统富兰克林·罗斯福曾评价说："就像草原上使用的蓬盖马车一样，捕鲸船永远是美国伟大的象征。"南塔克特岛一度成为美国的骄傲和其他捕鲸国家艳羡的对象。在巅峰时，岛上供养着超过5000名专业的捕鲸水手，当时岛上部分定居者的年收入超过2万英镑。

❖ 南塔克特岛上的古老风车

巴哈马群岛

浅　　　　　　　　　滩

　　1513 年，西班牙著名探险家胡安·庞塞·德莱昂为了寻找传说中的不老泉，率领船队沿加勒比海航行，他看到佛罗里达海峡口外的北大西洋上有一些被水浸的岛屿，于是将此地命名为"巴哈马（Bajamar）"，意为"浅滩"。

胡安·庞塞·德莱昂（1474—1521 年）是首位西班牙波多黎各总督，任期为 1509—1512 年。他曾发现佛罗里达。
❖ **胡安·庞塞·德莱昂雕像**

　　巴哈马群岛是西印度群岛的 3 个群岛之一，它虽然被认为是加勒比海地区的海岛群，实际上，却并不在加勒比海内，而是位于佛罗里达海峡口外的北大西洋上，那里被认为是世界上最清澈的海域。

"巴哈马"不仅仅是浅滩

　　最早到达巴哈马群岛的是哥伦布，1492 年，哥伦布登陆巴哈马群岛中的圣萨尔瓦多岛，之后，西班牙殖民者便开始了对周边岛屿的勘探和殖民。1513 年，西班牙著名探险家胡安·庞塞·德莱昂在寻找不老泉时来到这里，以为这里只是一片浅滩，便给此地起名为巴哈马。多年后，西班牙殖民者再次登岛，发现"巴哈马"不仅仅是浅滩，而是一个风景如画的群岛，像一颗晶莹透亮的淡色蓝宝石镶嵌在整个加勒比海中。

在巴哈马首都拿骚的海边有一片粉色沙滩，它是由红珊瑚被海水冲刷成的粉末构成的。
❖ **粉色沙滩**

❖ 巴哈马国徽

巴哈马国徽启用于1971年12月7日，国徽上一艘正在海洋上乘风破浪的黄帆船，是为纪念1492年10月哥伦布首航美洲发现该岛的历史。蔚蓝的天空中，一轮金黄色朝阳，象征这个新生的国家如旭日东升。国徽上方饰有蓝、白两色花环的头盔，一只背衬绿色铁树的海螺，渲染了巴哈马的海岛风情。国徽左侧在万顷波涛之中有一条腾空而起的蓝色旗鱼，显示了巴哈马发达的捕鱼业；右侧的红鹤是巴哈马的国鸟。国徽基部是写有格言"迈步向前，共同进步"的黄色和蓝色饰带。

由于巴哈马群岛特殊的地形结构，导致这里的海岸的海水都非常浅，很多地方只有5~10米深的浅滩，这使巴哈马群岛海域的海水看起来格外的蓝，在阳光照射以及海底岩石、海藻、珊瑚礁等反射下，整个巴哈马群岛海域充满了各种各样的蓝色。

原住民因被殖民者贩卖而灭绝

西班牙殖民者登陆巴哈马群岛后，岛上的原住民阿拉瓦克人的噩梦便开始了，西班牙人将岛上的阿拉瓦克人掳往海地等地充当奴隶，导致群岛上的原住民灭绝，这里也成了荒岛。

1670年，英格兰国王查理二世将巴哈马群岛授封给6名英国贵族，这6名贵族被称为这里的业主。他们将百慕大群岛上的英国殖民者迁到新普罗维登斯岛。于是，人们在这里建立起了堡垒和一个城镇。为了纪念查理二世，人们把那个城镇称为"查尔斯镇"。几年之后，这个城镇又改名为"拿骚"，以此来纪念英格兰王位继承人——奥兰治的威廉亲王。

❖ 巴哈马百样蓝的海

巴哈马群岛拥有如梦似幻的海底世界，多彩的热带鱼翩翩起舞，随处可见体型硕大的枪鱼、剑鱼和梭鱼成群而行，还有久远的沉船隐藏在澄澈的海底，被誉为全球最适合潜水的地方。

公元300—400年，巴哈马群岛就已经有人在此生存。他们是一支非阿拉瓦克印第安人，也许是从古巴移居过去的。卢卡伊印第安人随后来到了这里。这两个部族都没有留下成文的历史，但他们留下了一些绘画、陶器工具和骨头。

❖ 拿骚灯塔

❖ 巴哈马群岛美景

1647年，欧洲移民来到巴哈马群岛，开始在此垦荒。17世纪末至18世纪初是加勒比海盗的黄金时期，巴哈马群岛成了海盗的大本营。1649年，英属百慕大总督带领一批英国人占据了这里。1717年，英国宣布巴哈马群岛为其殖民地。1783年，英国、西班牙签订《凡尔赛和约》，正式确定巴哈马群岛为英属地。1973年7月10日巴哈马独立，成为英联邦成员国。

避税天堂

巴哈马群岛地势低平，气候温和，松树遍地，风景秀丽，这里不仅是旅游者的天堂，还是一个国际金融中心。

巴哈马是"避税港"，巴哈马政府实行自由开放的金融政策和特别优惠的税收制度，外国银行可以比较自由地进行金融活动，不仅可以免交个人所得税、公司所得税、资本收益和利益收入扣税，还免交任何财产税，而且外国公司及其资产不受外汇管理条例的约束，对经营国际金融业务的银行免除外币存款准备金的要求。

由于巴哈马享有这种"有益的金融气候"，因而许多西方国家把它们在海外的银行业务纷纷转到巴哈马。

如今，巴哈马的国际金融机构有500多家，仅在首都拿骚就有近400家外资银行。它的国际放贷业务仅次于英国、美国、日本，居于世界第四位，被人们称为"加勒比海的苏黎世"。

猪岛是巴哈马群岛中的一座岛屿，渺无人烟，却有大量的猪聚居。传说这些猪是由曾经的加勒比海盗养的，以弥补粮食的不足，但由于后来他们被清剿，这群猪却活了下来，随着时间的积累，猪的数量与日俱增，如今整座岛屿都被猪占领，它们或幸福地在水中嬉戏，或一起在沙滩上午睡，享受日光浴，简直比人过得还要逍遥。

❖ 猪岛上的猪

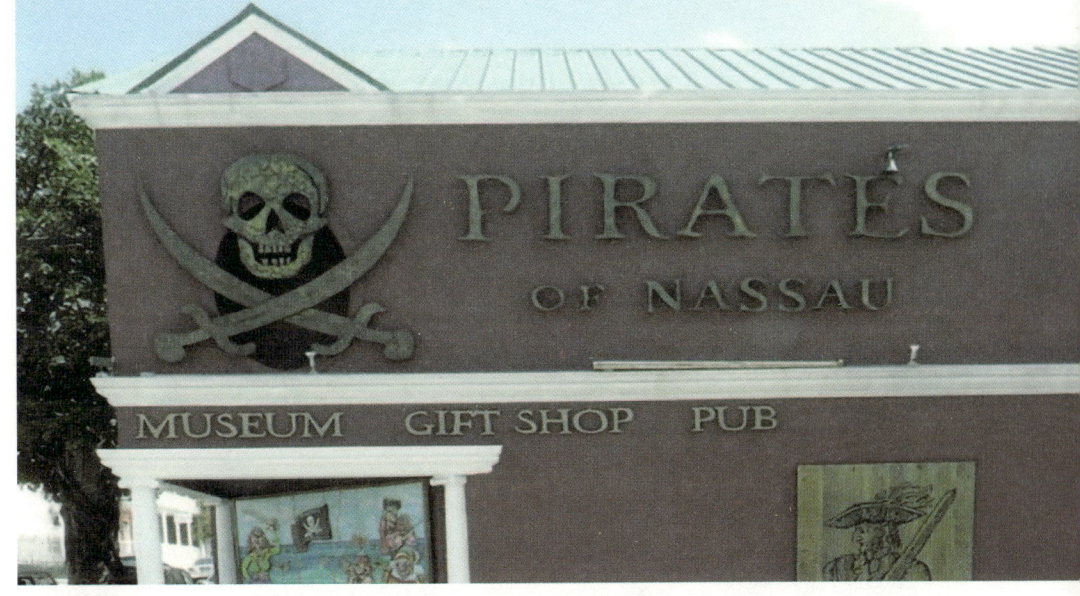

❖ 海盗博物馆

海盗博物馆位于巴哈马首府拿骚，这里曾经只是一个非常破烂不堪的小镇，如今是巴哈马首府，它见证了加勒比海盗的黄金时期，这里有当时加勒比地区最强大的海盗集团，如历史上非常有名的海盗首领黑胡子等，一直到1725年，当地武装开始大规模清剿海盗，这里的海盗团伙才慢慢消失。

《拿骚卫报》2015年8月14日报道，6月17日，欧盟委员会发布一份"在欧盟实施公平和有效的企业税收行动计划"，该报告将巴哈马列为30个"不合作税务管辖区第三类国家"之一的避税港黑名单，并表示希望借此推动这些国家或地区变得更合作并引入国际标准。

大巴哈马岛是巴哈马群岛中的一座小岛，这里有一座奇妙的火湖，湖中有一种大量繁殖的"甲藻"作怪，它所含的荧光酵素溅出水面，便会产生氧化作用，从而出现五光十色的"火花"。

另有资料说是哥伦布第一次登上这块新大陆。当他站在岛上，环顾岛屿四周，看到浅浅的海水拍打着海岸，于是说了一句"巴扎马"（意为浅水或海）。巴哈马的名称便由此而来。

这是一张印有英国女王伊丽莎白二世照片的巴哈马元。
不同颜色的巴哈马元的意义也不同，黄色象征这个岛国美丽的沙滩，蓝色象征环绕岛国的海洋，黑色三角形象征巴哈马人民团结一致开发利用岛国的海陆资源。

巴哈马群岛的比米尼岛海岸有一条没入水中约5米深的石路，路面平坦且开阔。有人猜测它是古代亚特兰蒂斯人建造的，因此它被称为"亚特兰蒂斯之路"。

❖ 巴哈马元

乌鸦式战舰

罗马海军战胜迦太基的法宝

迦太基人善于海战，在扩张的过程中，将战火烧到了罗马共和国的本土，而罗马人善于陆战却不善于海战，为了能打败迦太基，罗马人在战舰船头安装了一个"乌鸦吊桥"，用以在作战中钩住对方舰船，进行接触战，从而发挥罗马陆军的威力。

> 古代的腓尼基并非指一个国家，而是整个地区。腓尼基从未形成过同一国家，城邦林立，以推罗、西顿、乌加里特等为代表。

地中海曾被戏称为"上帝遗忘在人间的洗脚盆"，可这个洗脚盆不仅不臭，还非常伟大，因为它不仅是欧洲文明的发祥地，更是古代诸多文明演绎的舞台。公元前3世纪，罗马共和国就曾在此与迦太基展开了生死较量。

迦太基将战火烧到了罗马共和国的本土

根据考古证据，迦太基是海上民族腓尼基在北非建立的城邦国家，约公元前9世纪建城，公元前8—前6世纪时，迦太基人一边向非洲内陆扩展，一边通过地中海向西班牙南部及撒丁岛、科西嘉岛及西西里岛等地殖民，并称霸了地中海西部，与当时的希腊分庭抗礼。不仅如此，迦太基人还开始横行于意大利西海岸，将战火烧到了罗马共和国的本土。

❖ 腓尼基人的符号

❖ 腓尼基人的航海壁画

罗马共和国拥有了自己的海军

罗马共和国从地中海沿岸逐渐发展，慢慢强大，面对海上强国迦太基的挑衅，为了获得更大的生存空间，只能硬着头皮和他们战斗，罗马人苦于没有像样的海军，对迦太基人没完没了的骚扰很是头疼，这样的状态如果持续下去，迦太基的海军迟早会将拥有庞大陆军的罗马共和国拖垮。所以，罗马元老院为发展海军而提供了专项资金。

公元前260年，罗马人决定集中力量建立一支强大的海军以扭转海上劣势。

罗马元老院专门从大希腊区和叙拉古招募希腊工匠，很快建立了自己的造船厂，又搜集了大量迦太基人废弃的战舰，然后通过拆解、学习研究，在短短60天内，就成功建造了100艘五桨座战船和200艘较小的三桨座战船，成立了罗马海军。

❖ 三桨座战船石刻画

❖ 罗马共和国海军及战舰情况，来自梵蒂冈博物馆的壁画

三桨座战船是古代地中海上常见的战船。战船每边有3排桨，一个人控制一支桨。
荷马在《奥德赛》里描写的船只，几乎可以肯定就是他所生活的公元前8世纪希腊的船只，也就是古罗马和迦太基使用的船只，主要分为两种：20桨的轻型船和50桨的战船。当时的船约35米长，速度可以达到8~9节。船上配有桅杆和四方帆，在风向合适时使用。桅杆插在龙骨上，海战前放倒，可能的话，桅杆、索具和帆等都会放到岸上，以减轻作战时的重量。

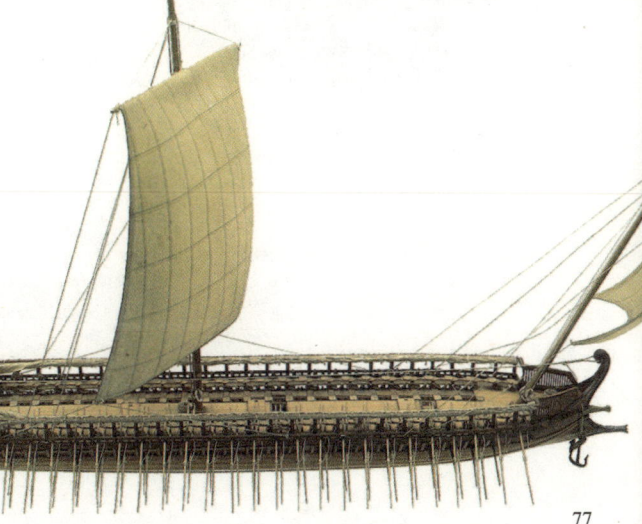

❖ 三桨座战船

77

罗马共和国与迦太基的海上首战

罗马人有了自己的海军，而且舰船体型巨大，数量上也占据优势，罗马执政官格奈乌斯·科尔涅利乌斯·西庇阿更是信心满满地率领17艘战船作为先头部队，驶向墨西拿海峡，胜利攻下了利帕里岛。

很快，迦太基海军派出20艘战船前去夺回利帕里岛，迦太基人在夜里封锁了海港的入海口，双方爆发了激烈的战斗，罗马战船虽然巨大，但是却没有迦太基战船灵活，加上罗马人并不善于海战，很快战败，包括西庇阿在内的大部分罗马士兵被俘。

据古希腊历史学家的记载，早期海战主要用的战略是"碰碰车"，航速可能超过7节（即每小时7海里，约为每小时13千米）。使用这个速度可以给予敌船以巨大的冲撞力，如撞击敌方舰只的侧翼，可以非常有效地杀伤敌方的战舰，从而获得海战的胜利。

"乌鸦式战舰"出现

罗马共和国在与迦太基的首次海上交战中失利，并暴露了罗马海军的弱点——不善海战。为了将陆军的优势放大，罗马人在所有战船的船首树立了一根木杆，木杆上用滑轮和绳索固定了一个可以转向的吊桥，吊桥顶端安装有铁钩，用来钩住前方的敌船，一旦得手，罗马的陆军士兵就可以通过吊桥冲上敌船展开肉搏战，充分发挥罗马陆军的威力。因为这种吊桥顶端的铁钩形状酷似乌鸦嘴，因此被称为"乌鸦吊桥"，而这种战舰则称为"乌鸦式战舰"。

❖ 古钱币上的乌鸦式战舰

❖ 乌鸦式战舰上的乌鸦吊桥

"乌鸦式战舰"发挥了威力

公元前260年，罗马执政官G.杜伊利乌斯率领的罗马舰队与迦太基舰队（130艘战船）在米拉海角附近遭遇，迦太基人仗着战船航速快、机动性好、人员训练有素，采用撞击战术。罗马人则在杜伊利乌斯的指挥下，沉着地靠近敌船，然后立即放下接舷吊桥，钩住敌船甲板，罗马士兵迅速冲上敌船与敌人格斗。

迦太基人的战船被罗马战船上的"乌鸦吊桥"死死咬住，无法脱身，船上的海军士兵随即遭到不断涌入的罗马士兵强攻。毫无思想准备的迦太基舰队被罗马舰队的新式武器打败，有近50艘战舰被摧毁和缴获，超过万人死伤及被俘，残余士兵只得仓皇逃跑。此后，罗马便依靠"乌鸦式战舰"不断打击迦太基海军，蚕食迦太基的领地，渐渐地掌控了地中海。

> 罗马军队善于将陆军优势运用到海战中，在屋大维战胜安东尼的阿克提姆海战中，屋大维的海军舰队通过一种叫"钳子"的新武器把安东尼舰队打得措手不及。"钳子"是一块数米长的木块，外包铁皮，一头有铁钩，另一头拖有绳索，它是在"乌鸦"的基础上发展而来的，其实就是加长版的"乌鸦"。"钳子"利用弩炮抛射出去，增加了攻击距离，能轻而易举地钩住远距离的敌舰，拖过来打接舷战。

❖ 罗马海军的"乌鸦式战舰"紧紧咬住了迦太基战舰

螺旋桨

来自阿基米德的启发

螺旋桨是几乎所有船只的推进装置，其实它并非螺旋状，而是由旋转轴上几个叶片组成的，然而它的发明经过却一波三折。由于其早期发明者受到阿基米德发明的螺旋扬水器的启发，螺旋桨也因此而得名。

英国人瓦特改良了蒸汽机，人们第一次尝到了用机器干活的甜头，随后是轰轰烈烈的第一次工业革命。自美国人富尔顿·罗伯特发明了"克莱蒙特"号之后，依靠蒸汽机作为动力带动明轮划水推动船只前进的方式，直接取代了主要靠风帆和摇橹作为动力的方式。

明轮缺点显而易见

自1807年"克莱蒙特"号试航成功后，很快以明轮作为推进方式的商船、战船成为主流船只，但是因明轮结构复杂，而且受风浪的影响大，在实际使用过程中，使用明轮的船只的前进速度确实比使用风帆和摇橹的船只快很多，但是以蒸汽机带动明轮推动轮船前进的方式，其效率很低，前进速度明显没有达到最

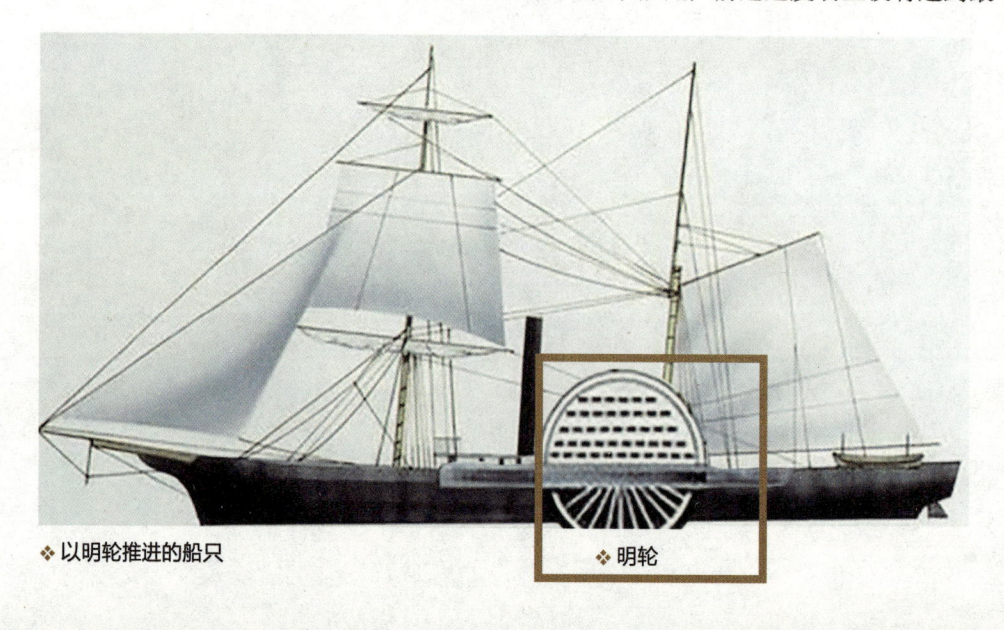

❖ 螺旋桨

螺旋桨在生活中很常见，在飞机、轮船，甚至是家里的电扇中都是重要的部件。然而，这看似简单的机械部件，其发明过程却几经曲折。

❖ 以明轮推进的船只　　　　　　　　　❖ 明轮

佳。据资料显示，当时满船燃料航行不到 100 海里就耗尽了，远洋航行的船只需要更大的燃油舱携带更多的燃料，这对远洋船来说极其不方便；即便是短途航行的船只，也因燃油消耗量大而导致运营成本非常高。

因此，明轮的缺点显而易见，科学家们纷纷考虑要改进轮船的推进方式，于是想到了阿基米德发明的螺旋扬水器。

❖ 螺旋抽水机——《达·芬奇手稿之大西洋手稿》

1519 年达·芬奇去世后，其部分手稿被保存下来，其中《达·芬奇手稿之大西洋手稿》中就有类似阿基米德发明的螺旋扬水器的图片。

螺旋扬水器

阿基米德是古希腊的数学家和物理学家，有"力学之父"的美称，与高斯、牛顿并列为世界三大数学家。

阿基米德曾经为了解决用尼罗河水灌溉土地的难题，发明了一个圆筒状的螺旋扬水器，后人称它为"阿基米德螺旋"。阿基米德螺旋是一个装在木制圆筒里的巨大螺旋状物，把它倾斜放置，下端浸入水中，随着圆柱体的旋转，水便沿螺旋管被提升上来，从上端流出。这样，就可以把水从一个水平面提升到另一个水平面，对田地进行灌溉。阿基米德螺旋扬水器至今仍在埃及等地使用。

科学家们认为，根据反作用力原理，螺旋扬水器能将水从低位输送到高处，也一定能成为船只的推进方式，因此各国科学家纷纷开始研究螺旋桨。

❖ 阿基米德螺旋扬水器

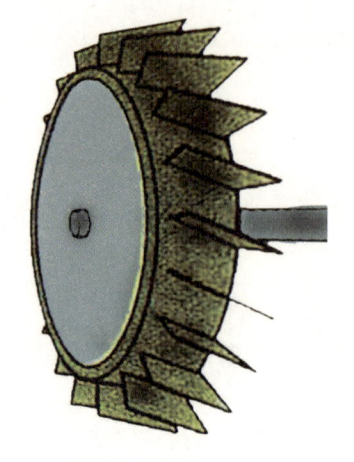

❖ 瑞典工程师埃里克森于 1835 年设计的螺旋桨

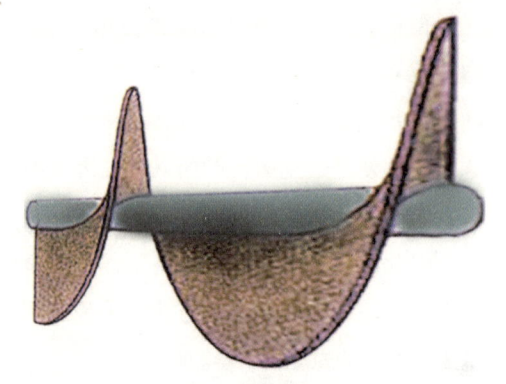

❖ 史密斯于 1835 年设计的螺旋桨

早期的螺旋桨研究者，包括史密斯认为螺旋杆的圈圈越多，效率会更高，但是试验结果却并不理想。

❖ 史密斯改进后的双叶螺旋桨

史密斯最早取得了成就

许多研究螺旋桨的人都声明自己发明了螺旋桨，但是被公认的仅有英国工程师史密斯和瑞典工程师埃里克森。

1836 年，史密斯用木材制造出与阿基米德螺旋扬水器类似的螺旋桨，并将其安装在一艘 6 吨重的小汽船上，但是效果很差，这种螺旋桨的推进速度还不如明轮的推进速度。史密斯有点儿气馁，但是他依旧没有放弃，继续改进，直到 1837 年 2 月，在一次试航时，突然螺旋桨撞到了水下的硬物后折断了，没想到仅剩很短的螺旋桨残部却使船只的航行速度变得很快。

史密斯大受启发，他立刻把长螺杆改成了短螺杆，之后又经过几次改进，将螺杆改成了叶片，成了如今螺旋桨的样子。

第一艘螺旋桨推进力的船只

史密斯发明的螺旋桨试验成功后不久，1839 年，世界上第一艘以螺旋桨为推动力

❖ 1860 年出现的三叶螺旋桨

在最早的螺旋桨出现后近 30 年才出现了三叶螺旋桨。

的船建造完成，整个船身为木质，船长38米，宽6.7米，排水量237吨，安装有两台30马力的蒸汽机，最大航速约9节，造价1万英镑，被命名为"螺旋桨"号，后来为了商业运营，又将其改名为"阿基米德"号，成为当时英国伦敦、朴次茅斯、布里斯托之间唯一运营的商业船只。"阿基米德"号冒着黑烟，一溜烟地穿行在众多帆船和明轮船只之间，成为当时航行速度最快、效率最高的船只。

螺旋桨虽好，但是未能完全取代明轮

随着史密斯发明的螺旋桨的成功，螺旋桨也逐渐进入实用领域，被很多民船船主和船商认可。1843年，瑞典工程师埃里克森在美国海军的支持下，建造成世界上第一艘以螺旋桨推进的军舰——"普林斯顿"号，同年，英国海军也以螺旋桨代替明轮改进了"雷特勒"号军舰。这些改装后的军舰与明轮的明显区别是大部分蒸汽机和

❖ 螺旋桨

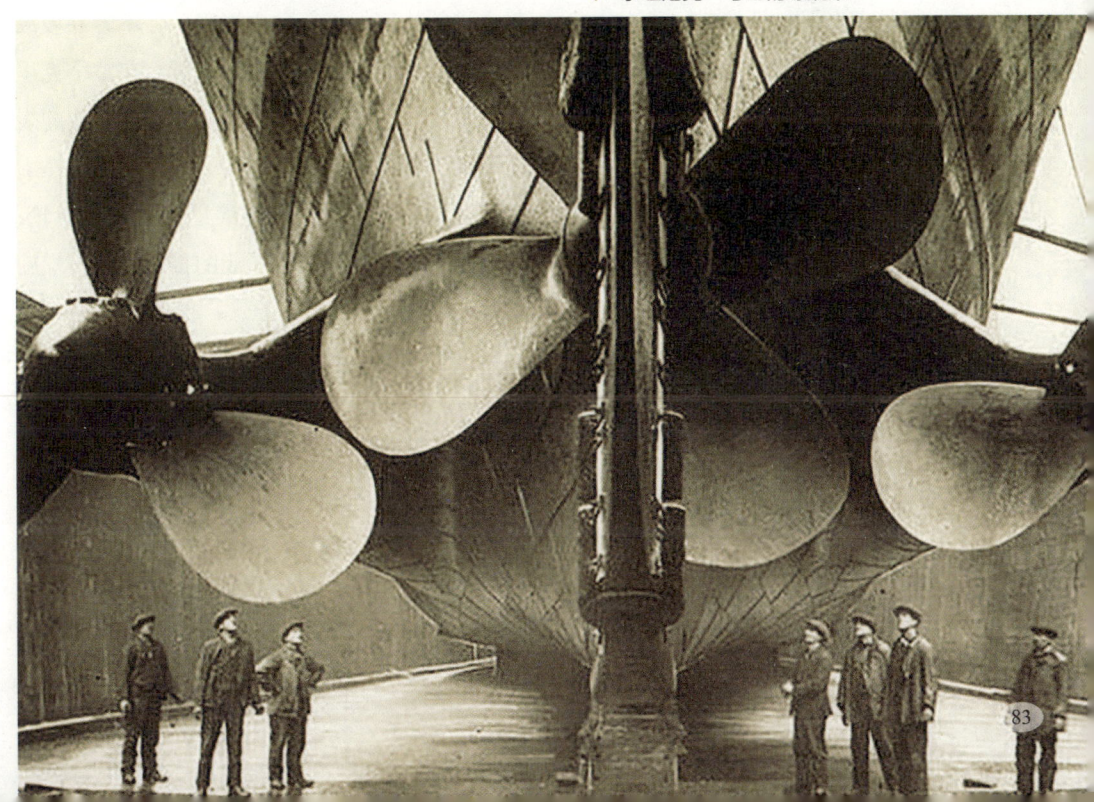

❖ "泰坦尼克"号上的螺旋桨

推动装置都安装在吃水线之下，而且没有了明轮，甲板上多出了许多空间，可以安装更多的火炮。从此，以螺旋桨推进的军舰成为各国海军的装备之一。

但是，当时也有很多人认为以螺旋桨推进的船只虽然有很多好处，不过安装它需要在船身上打洞，这使船只有漏水的危险，因此，螺旋桨不管是在民用还是军用领域都未能完全取代明轮。

明轮战舰表现不如螺旋桨战舰

在螺旋桨被发明很多年后，明轮依旧是很多船只的首选。直到1853—1856年克里米亚战争爆发，俄国与英国、法国为了争夺小亚细亚地区，在黑海沿岸的克里米亚半岛发生了大规模的海战。

参战国都纷纷将当时最先进的、以明轮推进的战舰和以螺旋桨推进的战舰投入海战之中，然而，在整个海战过程中，以明轮推进的战舰上的醒目的明轮，成为敌方重点打击的目标；而以螺旋桨推进的战舰，不仅动力更隐蔽，不容易被敌人击中，而且拥有更多的火力配置。在整个克里米亚战争期间，以明轮推进的战舰在海战中的表现远不如以螺旋桨推进的战舰。

克里米亚战争后，螺旋桨迅速取代了明轮，成为几乎所有商用船只和军舰的推进装置，螺旋桨成为人类最伟大的发明之一。

❖ 关刀桨（四叶桨）

四叶桨是我国工程师于1973年首先发明的，因为桨叶像关羽用的青龙刀，所以被叫作"关刀桨"。

以明轮推进的船只被称为轮船，自克里米亚战争后，明轮因落后而被淘汰，不过轮船这个名字却被保留了下来，成为人们对船只的称呼。

"俾斯麦"号战列舰是德国在第二次世界大战前建造并以德国首相俾斯麦的名字命名的一艘王牌战列舰，它的螺旋桨是三叶的。

❖ "俾斯麦"号战列舰

飞剪式帆船

能劈浪前进

1832年,"安·玛金"号制造完工,在海上试航时几乎是贴着水面,能劈浪前进以减小波浪阻力,故曰飞剪,在世界帆船史上被称为"飞剪式帆船"。这种船的出现,使欧美国家与中国之间的贸易更加便捷、高速、畅通。

18、19世纪,以开拓中国市场为目标的美国远洋航海业,极大地促进了美国国内造船业和航运技术的发展,越来越多的美国商船扬帆远航,驶向中国广州。

"时间就是金钱"在当时美国对华贸易中得到了充分的体现,他们需要快一点、再快一点,所以美国国内的造船设计师将这点充分应用在帆船上。

亚飞剪帆船"安·玛金"号

1832年,"安·玛金"号帆船制造完工,该船排水量为493吨,船形瘦长,前端尖锐突出,吨位小、航速快,适用于长距离运输具有较高利润的货物,因而成为从中国运输茶叶的最佳运输工具。

❖ 飞剪式帆船

❖ "安·玛金"号

《茶叶全书》——威廉·乌克斯
美国作家威廉·乌克斯撰写的《茶叶全书》中，专门用一个章节"飞剪船的黄金时代"来描写当时远洋航海技术的日新月异，重点描写了运输时间的缩短对于提高茶叶品质和增加贸易的重要性。

在当时的欧美，喝茶是富人专属的享受，茶叶的价值堪比黄金和珠宝，图中的欧美人用咖啡杯喝着中国的茶。
❖ 欧美人在喝茶

"安·玛金"号的成功，给了许多船舶设计师更多的灵感，在与中国进行茶叶贸易的推动下，1849年，由美国船舶设计师约翰·格里菲思设计的"彩虹"号下水，这是世界上第一艘真正的飞剪式帆船。

时间就是金钱

不光中国人知道新茶好喝，连欧洲人都知道。这对运输业是一个重大的考验，尤其对趋利的美国人来说。

当时的美国茶叶市场就如同今天的北京茶叶市场一样热闹，伦敦和欧洲各国的茶叶店和杂货店，在橱窗里大幅张贴"中国新茶上市"的告示，激起爱茶人的购买热情。

所以商家为了能最快地获得最新的茶叶，纷纷通过飞剪船来运送新茶，否则一旦过了新茶季节，就不会有人踏入他们的商店。

就这样，在与中国进行新茶贸易的推动下，飞剪式帆船不仅使茶叶贸易快速发展，还给欧美人民带去中国茶的清新芳香。

❖ 清朝时期的茶叶厂广告

这个茶叶广告是用英文介绍的，足可见当时茶叶在国外的热度。

飞剪式帆船成了鸦片船

中国的茶叶、瓷器和丝绸等物品是欧美国家的紧缺商品，在和中国人进行贸易的过程中，美国人为了获得更多的利益，开始将鸦片贩卖到中国，然后换取他们想要的茶叶和瓷器等商品。由此飞剪式帆船迅速被配备到鸦片贩卖中，并且还为之配备了强大的火力，飞剪式帆船的名字也变成了"鸦片"号，成为鸦片战争中的帮凶。

❖ 19世纪50年代最快的帆船——"大黄锋"号

❖ "鸦片"号飞剪式帆船

历史上，我国的茶叶、瓷器和丝绸作为全球最强势的商品，在世界市场中长期无对手，欧美各国形成了对华贸易的逆差，连当时的大英帝国都无法平衡这个贸易"窟窿"，所以它们必须找到一种平衡贸易的商品，它就是鸦片。

❖ "鸦片"号上忙碌的水手

"大共和国"号飞剪式帆船

飞剪式帆船在历史时机下，得到了充分的发展，功能越来越完善，速度也越来越快，到1853年，"大共和国"号飞剪式帆船下水，船长93米，宽16.2米，航速每小时12~14海里，横越大西洋只需要13天，由此，飞剪式帆船的发展到达顶峰。

19世纪70年代以后，作为当时海上运输主要工具的帆船，逐渐被新兴的蒸汽机船取代。

在当时的欧美，贵族之间交际会用到茶叶，他们认为茶叶是可以媲美宝石的奢侈品。当时我国是世界上唯一能够种植并生产茶叶的国家。我国的茶叶在那时更是超过了瓷器和丝绸的对外贸易总量。

在飞剪式帆船之前，1839年，美国商船"阿克巴"号曾以109天创造了从纽约航行到广州的纪录。1843年，它从广州装载了茶叶，穿越太平洋返回美国西海岸仅用时92天，是第一艘茶叶快船。

❖ 清朝时的国内茶馆

"鹦鹉螺"号

名字来自《海底两万里》

1954年1月21日，一艘拥有近乎完美动力——核动力潜艇建成下水，以凡尔纳的科幻小说《海底两万里》中的梦幻潜艇的名字命名为"鹦鹉螺"号。它与当时的常规动力潜艇相比，航速大约快了1倍，甚至更多，这一消息令各国震惊。

"鹦鹉螺"号是世界上第一艘核动力潜艇，它与凡尔纳经典科幻小说《海底两万里》中的潜艇同名，是世界潜艇史上首屈一指的名角。

使用核能的设想

在第二次世界大战中，德国人肆无忌惮地在大西洋使用潜艇猎杀盟军过往的船只。德国的潜艇是当时最神秘的武器，偷袭是它最恐怖的战术，为了完成水下隐蔽作战，潜艇采用无噪音的蓄电池提供动力，但是一旦电能耗尽，就必须浮出水面使用机器动力配合进行充电，这大大降低了潜艇的隐蔽性，同时也限制了潜艇在水下的时长。

由于潜艇在第二次世界大战中大放异彩，战后，各国纷纷开始研发更隐蔽且更具战斗力的潜艇，美国华盛顿州立大学物理学家菲利普·艾贝尔森最早提出了使用核能作为潜艇动力源的概念。之后，美国海军研究实验室著名物理学家罗斯·冈恩提出用核能带动机械工作的设想。科学家们关于使用核能作为动力的种种设想和理论被美国政府重视。

> 小说《海底两万里》中描述的"鹦鹉螺"号是一艘长70米的纺锤形潜艇，最高时速可达50海里，使用的是电能，它从海水中提取钠进行充电，有近乎无限的续航能力。

第二次世界大战中横行于大西洋的德国U型潜艇，而德国的水下猎杀战术被称作狼群战术。

❖ 德国U型潜艇

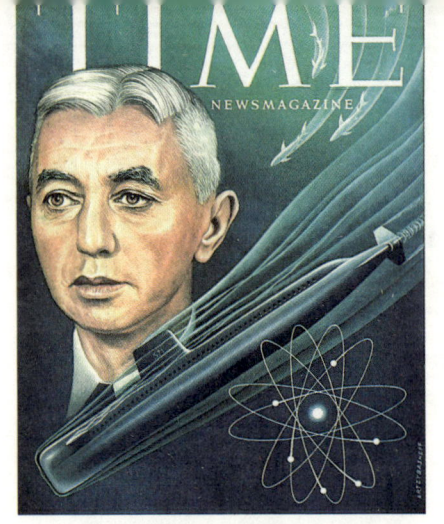

❖ 1959年《时代周刊》封面人物——里科弗

里科弗很不擅长和领导打交道，他顽固、暴躁，自高自大、冷酷无情，他藐视常规军舰，令保守的海军将军们不喜欢他，甚至一心想把他赶出海军，但倔强的里科弗坚决不退役，并牢牢霸占住美国海军核动力舰艇权威的位置，因此美国海军高层内部戏称他为"老贼"。

艾贝尔森关于使用核能作为船只动力源的观念，获得了美国海军上将里科弗的支持，并促使美国国会在1951年7月批准一纸建造案，授权建造一艘核动力潜艇。潜艇编号为SSN-571，命名为"鹦鹉螺"号。它是美国第六艘使用此名的船只，也是第三艘使用此名的潜艇，并与法国作家儒勒·凡尔纳所著小说《海底两万里》中的潜艇同名。

"鹦鹉螺"号是以法国科幻作家凡尔纳的名著《海底两万里》中梦幻潜艇的名字命名的，寓意这是一个让梦幻变成现实的伟大创举。该艇长98.7米，宽8.4米，水上排水量3700吨，水下排水量4040吨。

❖ "鹦鹉螺"号

研发"鹦鹉螺"号核潜艇

1948年，美国任命海军上将海曼·乔治·里科弗为国家原子能委员会和海军船舶局两个核动力机构的主管，同时兼任核潜艇工程的总工程师。

在里科弗的领导下，核潜艇基地在荒无人烟的内华达沙漠中建成，通过几年的努力，建成了能安装在狭小空间的核反应堆，很快，这个反应堆被安装到潜艇中，这艘核潜艇就是有名的"鹦鹉螺"号，它利用核裂变产生热量驱动蒸汽轮机发电，在最大航速下可连续航行50天、全程3万千米而不需要加任何燃料。

"鹦鹉螺"号作为世界上第一艘核潜艇，其动力近乎完美，这对全世界范围内的潜艇技术发展有着巨大的推动作用。同时，在潜艇技术、潜艇战术的发展变化以及反潜战战术及技术发展等方面都产生了深远的影响。

"鹦鹉螺"号是世界上第一艘核潜艇，据美国统计，"鹦鹉螺"号在历次演习中共遭受了5000余次攻击。据保守估计，若是常规动力潜艇，它将被击沉300次，而"鹦鹉螺"号仅被击中3次，"鹦鹉螺"号展示了核潜艇无坚不摧的作战能力。1958年"鹦鹉螺"号实施了它的北极航行，闯出了一条冰下航线。

郑和宝船

运　宝　之　船

郑和宝船是指明朝郑和下西洋期间的船只，主要用于船队的指挥人员、使团人员及外国使节乘坐，同时也用来装运明朝皇帝赏赐给西洋各国的礼品、物品和西洋各国进贡给明朝皇帝的贡品、珍品等，因此被称为"宝船"，意为"运宝之船"。

永乐三年（1405 年）7 月 11 日，我国明代著名航海家郑和奉明成祖朱棣之命，率领一支庞大的船队出使西洋，而郑和乘坐的宝船可不一般。

郑和下西洋的旗舰

明万历二十五年（1597 年），罗懋登的小说《三宝太监西洋记通俗演义》中将郑和船队中的船只按照用途分为宝船、粮船、水船、马船、坐船与战船等。20 世纪 30 年代考古发现的郑和残碑中描述，将郑和船队中的船只分为宝船、2000 料船、1500 料船、8 橹船等几种。不管如何描述，郑和这支庞大的船队，其中最大的海船被称为宝船，也称为郑和宝船、大宝船，它是郑和船队中的主体，也

❖ 郑和宝船复原模型

南京的宝船厂遗址景区东临漓江路、西靠滨江大道、北为金浦、南邻银城，这里曾经是郑和宝船的制造厂，在如今的宝船厂遗址中还能看到 600 年前的船坞遗址。

❖ 郑和

郑和（1371—1433 年），明朝太监，原姓马，名和，小名三宝，又作三保，云南昆阳（今晋宁昆阳街道）宝山乡知代村人。我国明朝航海家、外交家。1405—1433 年，郑和七下西洋，完成了人类历史上伟大的壮举，宣德八年（1433 年）四月，郑和在印度西海岸的古里国去世，赐葬南京牛首山。

是郑和率领的海上特混船队的旗舰，它在郑和船队中的地位相当于现代海军中的旗舰、主力舰。

巨无霸

据《明史·郑和传》记载："造大舶，修四十四者六十二。"明代人编写的《国榷》中称"宝船六十二艘，大者长四十四丈，阔一十八丈"。此外，《瀛涯胜览》《国榷》《西洋记》等历史书籍中对郑和宝船均有记载，郑和宝船一共有 62 艘，其中最大的长度超过了 100 米，排水量超过万吨，这个船身比同时期欧洲的任何船只都要大，而且要大很多。有数据显示，在郑和下西洋 87 年后，著名航海家哥伦布发现新大陆时的船队仅有 3 艘船，其中最大的"圣玛丽亚"号的排水量只有 100 吨，其吨位只有郑和宝船的 1/100。因此，郑和宝船是当时世界上最大的木质帆船，也是当时海上无可争议的巨无霸。

❖ 郑和宝船

❖ 宝船厂遗址出土的舵杆

汉白玉浮雕显示的是郑和出使时，所经国家的国王出来迎接郑和的盛大欢迎仪式的场景。

❖ 郑和下西洋浮雕

远比同时期欧洲船只先进

如此庞大的郑和宝船显示了明代惊世骇俗的造船水平。据记载，郑和宝船上的锚就有几千斤重，要动用二三百人才能启航。

据《明史·郑和传》记载，郑和宝船有4层，船上有9根桅，可挂12张帆，与当时欧洲的分段软帆不同，郑和宝船使用了硬帆结构，帆篷面带有撑条，更适应海上的风云突变。木帆船在海上的行动主要依靠风帆借助风力以及水手划水，郑和宝船与欧洲船只不同，它不仅有船桨，还在两舷和艉部设有长橹，橹在水下半旋转的动作类似今天的螺旋桨，不仅推进效率较高，而且能适应狭窄港湾以及各种水域航行。

郑和宝船是郑和下西洋船队中最大的海船，也是中国航海史和世界航海史上最大的木质帆船。自1405—1433年，漫长的28年间，郑和船队到达亚洲、非洲30余国，涉10万余里，与各国建立了政治、经济、文化方面的联系，完成了七下西洋的伟大历史壮举，郑和宝船当记首功。

❖ 宝船厂遗址景区内的水罗盘
水罗盘用灯芯草穿插磁针放置在盘中央，由四维、八干、十二地支组成。郑和船队在海上航行主要依靠水罗盘来测定航向、方位。实际上，在郑和下西洋时期，船只早就开始使用指南针式的罗盘。

❖ 指南针式的罗盘
郑和宝船上大量配置了类似这种指南针式的罗盘。

"海上君王"号

金色魔鬼

在铁甲船之前的木质帆船时代，海战中出现了"战列线战术"，交战方的舰船排成战列线对敌，而参与"战列线战术"的舰船则被称为"战列线战斗舰"，其中，最早有记载的战列线战斗舰是英国的"海上君王"号，它是当时最大的战舰，因而也被称为"海上君王"。

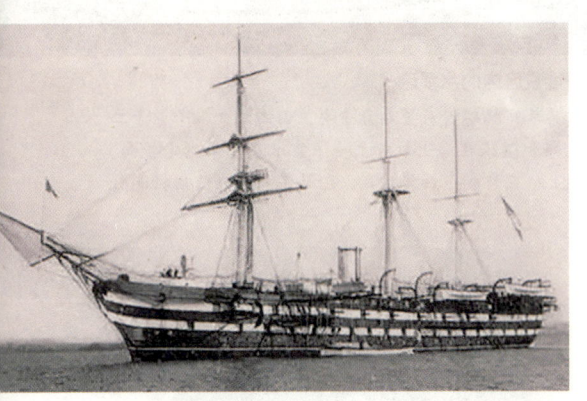

在铁甲船出现之前，各国的主力战舰都是木质帆船，火炮的威力相对弱小，在海上交战时，双方战舰靠炮火互殴，因此船只的大小直接关系到战争的结果。

查理一世下令建造

16世纪中期，由于英国女王伊丽莎白一世的庇佑，英国海盗遍布整个海洋，让其他海洋殖民国家头疼。在西班牙与英国交恶后，从美洲返回欧洲的西班牙运宝船更是屡遭英国海盗的劫掠，两国在海上交战不断，这种状态一直延续到英国国王查理一世时期。

为了建立在海战中的优势，1636年1月，查理一世拨巨款，在伍尔维奇造船厂建造"海上君王"号，并于1637年10月建成。

当时最大的战舰

"海上君王"号是当时最大的战舰，船身总长51米，宽14.7米，重1683吨，拥有3层统长甲板；船上搭载了104门火炮，分别在低甲板及主甲板上安装了30门，在

❖ "海上君王"号
它是英国第一艘拥有3层完整火炮甲板的军舰，也是第一艘载有100门以上大炮的军舰，同时还是当时造价最高的军舰。

"战列舰"一词的英文原文为"Battleship"，直译为"战斗舰"。这个名字来自帆船时代的"战列线战舰"。

"海上君王"号的主设计师菲尼亚斯·佩特原本认为该型舰只需装备90门火炮，但查理一世强烈要求增加到104门（共重165吨），使之成为当时最大的三甲板纯风帆战舰。

❖ "海上君王"号上的火炮

上甲板上安装了26门，艉楼上安装12门，半甲板上有14门，其余火炮均匀分布在船首、船舷和船尾，这些火炮中最大的炮弹净重60磅，如果所有火炮一起射击，其炮弹总重可达1吨。此外，"海上君王"号可乘载作战水兵上千人，是木质帆船时代作战能力最强的战舰，因此被查理一世起名为"海上君王"号。这其中还有一个更重要的原因，查理一世希望这艘船能够彰显英王皇冠上的荣耀。

压倒查理一世的最后一根稻草

"海上君王"号建成后便成为英国海军的王牌战舰，其造价高达65 586英镑，这个成本在当时可以建造10艘以上的普通战舰，如果算上船上的火炮配置以及各种装饰，费用更是惊人，这也直接造成了查理一世的财政危机。因此，为了筹集海军建设费，查理一世设置了一项特别的税款——船税，使国内更加动乱，内战频发，以至于在1642—1648年两次内战中先后被克伦威尔统率的"铁骑军"和"新模范军"打败，自己也被送上了断头台。

❖ **英国国王查理一世**
查理一世是唯一一个被处死的英国国王，1649年1月30日，在内战中被克伦威尔打败的查理一世在伦敦白厅前的广场上被处死。

"海上君王"号在同时期战舰中属于庞然大物，图中显示其他船只在它旁边显得非常渺小。

❖ **"海上君王"号**

❖ "海上君王"号的船首

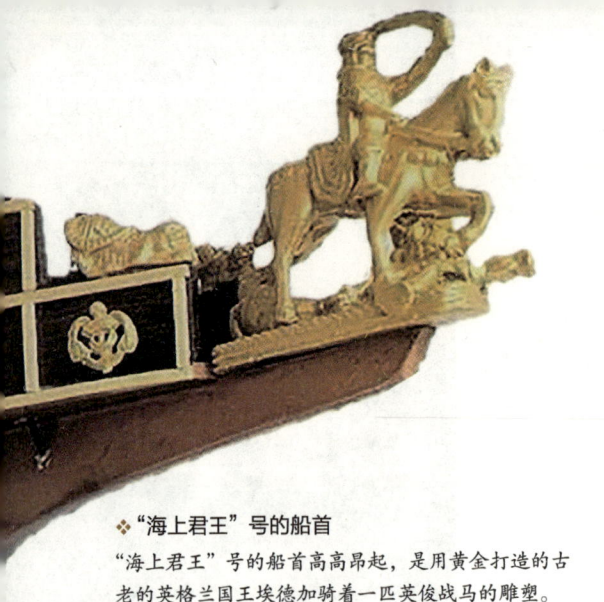

"海上君王"号的船首高高昂起,是用黄金打造的古老的英格兰国王埃德加骑着一匹英俊战马的雕塑。

"海上君王"号由英国最顶尖的造船师菲尼亚斯·佩特设计,由他的儿子彼得在伍尔维奇造船厂监督建造。

❖ 罗伯特·布莱克

罗伯特·布莱克(1599—1657年),英国海军上将,英国内战和第一次英荷战争中的名将。他是克伦威尔的亲密战友,在英国内战中率领海军屡次打败保王党军队。

他在第一次英荷战争中表现优异,与乔治·蒙克一同击败了荷兰海军;革新了英国海战战术,打下了近代英国海军的稳固基石;为英国进行海外扩张和夺取海洋霸权做出了重要贡献。

金色魔鬼

1653年,英国的克伦威尔建立军事独裁统治,自任"护国主",英国军舰规模更是扩大了3倍,由原来的40艘主力舰扩大到了120艘,"海上君王"号依旧是主力舰之一,并且成为英国海军舰队司令、海军上将罗伯特·布莱克的旗舰,先后参加了对抗荷兰海军和法国海军的众多海战,如肯梯斯诺克海战、波特兰海战、奥福德岬海战、索尔湾海战、思洪菲尔德海战、特塞尔海战、比奇角海战和巴尔夫勒海战等,"海上君王"号在这些海战中战绩赫赫,以至于荷兰人称它为"金色魔鬼"。

战列线战舰缘起

在波特兰海战中,英国海军上将罗伯特·布莱克乘坐旗舰"海上君王"号,面对拥有单舰优势的荷兰舰队的围追堵截时,布莱克指挥麾下舰船排成纵队,形成攻防灵活的"战列线"对敌,依靠舰队队形优势,将荷兰舰队的单舰优势彻底瓦解。这是海战史上首次使用"战列线战术",而这些参与"战列线战术"的战舰被称为"战列线战舰",这便是战列舰的起源,而"海上君王"号则是"战列线战舰"中最有名的一艘。

此后,罗伯特·布莱克发明的"战列线战术"主导了海战300年,直到铁甲船以及威力更大的火炮的出现,"战列线战术"才逐渐淡出海战。

意外被大火焚毁

"海上君王"号一共服役了60余年,是英国皇家海军最优秀的舰船之一,期间经过改建升级并重新命名为"皇家君主"号,退役后的"皇家君主"号停靠在查塔姆海军造船厂,1697年1月27日,一次意外的大火将其几乎焚毁殆尽。

鉴于"海上君王"号服役期间的荣誉,按照英国皇家海军的传统——"要让这个名字一直漂浮在海洋之上",后来,又有多艘英国战舰被命名为"皇家君主"号。

"海上君王"号带来的战列舰热潮

"海上君王"号虽然被大火焚毁,但是真正意义上的铁甲战列舰却不断被各国建造并投入海战中,成为1860年至第二次世界大战中海军的主力军舰舰种之一。

1849年,法国建造了世界上第一艘以蒸汽机为主动力装置的战列舰"拿破仑"号,标志着蒸汽战列舰时代的到来,但是依旧使用风帆作为辅助动力。1861年,英国建造的第一艘铁壳装甲战列舰"勇士"号也挂有辅助的风帆。1906年,英国建造的"无畏"号战列舰横空出世,它是当时世界上最大、火力最强的战舰,此舰的问世开创了海军学术史上巨舰大炮的新时代。"无畏"号也成为各国效仿造舰的对象,在20世纪30年代以前,战列舰的多少成为衡量一个国家海军实力强弱的标准之一。直到第二次世界大战后,战列舰在海战中的地位才逐渐被航空母舰取代。

◆ 交战双方的"战列线战术"

在风帆时代,交战双方将各自的战船排成纵列,然后用炮火对轰,这便是"战列线战术"。这种战术在早期风帆时代能非常有效地打击对手,因而很快被各国使用,而最早使用"战列线战术"的就是"海上君王"号。

勒班陀海战成为桨帆船的绝唱,而"战列线战术"出现于英荷海战中,1653年,英国海军发布第一部正式的战斗条令,正式采用"战列线战术",而这种战术的主要支持者却可能来自陆军,因为当时克伦威尔的陆军人员主宰了英国海军上层。

❖ "拿破仑"号战列舰

法国是世界上第一个建造蒸汽战舰的国家。1849年建成的"拿破仑"号战列舰，装备100门舷炮，排水量5000吨，它不但是世界上第一艘蒸汽动力的军舰，而且使用螺旋桨推进。不过，它还是一艘木壳船并保留了风帆。

"无畏"号是英国皇家海军中的著名装甲战列舰。1905年在朴次茅斯动工建造，次年完成，创造了战列舰建造周期最短的纪录。"无畏"号是以大口径主炮为主要武器的装甲战列舰，其首舰命名为"无畏"号。此后，同型舰只均列入"无畏"级。1914年该舰编入大舰队，参加第一次世界大战。由于航速较慢，1916年日德兰海战前退出大舰队。

❖ "无畏"号战列舰

法布尔水机

世界上第一架水上飞机

法布尔水机是以其制造者法国发明家、飞行家亨利·法布尔的名字命名的水上飞机，它是世界上第一架水上飞机，也是最早能在水面上起飞、降落和停泊的飞机。

很多人都知道最早的飞机是由美国飞机发明家莱特兄弟制造的，并于1903年12月17日试飞成功。而最早的水上飞机的发明制造者亨利·法布尔却很少有人知道。

从小酷爱机械

亨利·法布尔于1882年11月29日出生在马赛的一个船商家庭，自幼喜爱机械，常进入船舱观看维修工人保养和维修商船上的机械，有时还会主动帮维修工人的忙。上学后，他更是沉迷于机械制造，这个时期恰逢莱特兄弟制造的飞机试飞成功，这大大鼓舞了爱好制造的年轻人们，法布尔便是其中一员。他从马赛教会学院毕业后，便开始专门研究飞机和飞机推进器，法布尔在研究时，发现飞机只能在陆地上起飞，遇到地形复杂的水域就无法起飞，因此，他潜心设计出一种飞机漂浮装置，还申请了专利。

❖ 亨利·法布尔

❖ 水上飞机

❖ 法布尔在马赛西北的地中海试飞水上飞机

耗时 4 年造出了水上飞机

法布尔虽然设计出飞机漂浮装置，但是飞机本身没有浮力，需要靠浮筒的浮力托着飞机，替代轮式飞机的起落架实现起飞。然而，要想将飞机安装在浮筒上，并不是一件容易的事。法布尔为此花了 4 年的时间，造了拆，拆了改，改了再造，终于造出一架单座水上飞机，飞机翼展 14 米，长 8.5 米，高 3.7 米，重 475 千克，木质框架，浮筒用胶合板制成，搭载了一个 50 马力的尼奥姆欧米伽航空发动机。

法布尔水机试飞成功后，各国均开始研制水上飞机，并获得了不菲的成果。其中，我国旅美华侨谭根也在 1910 年设计制造了水上飞机。

水上飞机试飞成功

法布尔将这架水上飞机命名为法布尔水机，简称水机（也叫作"易达翁"），1910 年 3 月 28 日，28 岁的法布尔将水机运至离马赛西北 25 千米处的地中海上的拉米德港，进行了第一次试飞，虽然未能成功起飞，但是经过他稍作调整后，第二次试飞时，水机成功脱离水面飞上了天空，而后又经过多次试飞，均能成功起飞和降落，其中最远的一次飞行距离达到 5.6 千米，最高时速达 89 千米。

❖ 法布尔与水上飞机合影

❖ 柯蒂斯驾驶着第一架船身式水上飞机

法布尔试飞成功的是浮筒式水上飞机，1911年2月，美国著名飞机设计师柯蒂斯驾驶着他的装有船身形大浮筒的双翼机在水面上起飞和降落成功，成为世界上第一架船身式水上飞机的发明人。另一说法是法国人弗朗索瓦·德诺才是世界上第一架船身式水上飞机的发明人。

被誉为"水上飞机之父"

法布尔水机试飞成功后，一时间成为热点，飞机制造商纷纷上门洽谈合作，法布尔并未将水机的技术独家转让，而是转让给了多家飞机制造商，如法国科德隆飞机制造公司，利用他的技术制造出了"科德隆—法布尔"水上飞机；另外，美国飞机制造商格伦·柯蒂斯也购买了他的水上飞机专利技术。

很快，水上飞机便开始为商业、娱乐和军事服务，而法布尔亲自试飞的法布尔水机则被巴黎航空博物馆收藏展出。亨利·法布尔也因为最早试飞成功水上飞机而被人们誉为"水上飞机之父"。

法布尔水机试飞成功后的第二年，水上飞机便成了一种竞技项目。1912年3月，摩纳哥举办了水上飞机比赛。而后，从1912年8月1日开始，法国开通了水上飞机定期客运业务。随即，法国军方注意到了水上飞机的作用，于1912年开始采购水上飞机，用于完成一些军事任务。

亨利·法布尔的身体非常健康，89岁时还经常在马赛沿海划船。他于1984年6月30日去世，享年102岁，是最长寿的飞行先驱之一。

水上飞机由于不需要跑道，使用灵活，机动性好，在军事上常用于海上侦察、反潜和救援活动；在民用方面主要用于海上救援、海上观察及体育运动。

如今，水上飞机因不能适应高速和超音速飞行、机身结构重量较大、抗浪性能要求高等，其很多海上应用已被舰载直升机所取代。

❖ 在军事上使用的水上飞机

在第一次世界大战时期，法布尔创建了一家拥有200名雇员的公司，专门从事水上飞机的制造。

"竞技神"号

航　母　鼻　祖

"竞技神"号是一个历史悠久的舰名，人们通常把它与"航母鼻祖"这4个字联系在一起，它是英国实现航母之梦的希望之光。

自从水上飞机成功试飞后，人们便表现出极大的兴趣，它和陆上飞机一样，很快被用于商业和军事活动中。1909年，法国著名发明家克雷曼·阿德在《军事飞行》一书中第一次向世界描述了飞机与军舰结合的设想，也第一次使用了航空母舰这一概念。然而，克雷曼·阿德关于航空母舰的设想并未引起法国军方的重视，却引起了英国的重视。

❖ 克雷曼·阿德

克雷曼·阿德，法国工程师，发明了历史上第一架飞机，并于1890年10月9日试飞成功，因飞机的制造涉及国家机密，他发明的飞机成果直到1906年才被允许公布，但是，1903年12月17日，美国的莱特兄弟已经向全世界宣传了他们的飞行实验，因而，克雷曼·阿德错过了成为飞机制造第一人的机会。

❖ "竞技神"号巡洋舰

❖ "齐柏林"飞艇

1909年，在德国政府的支持下，齐柏林创办了世界上第一家民用航空公司——德莱格飞艇公司。1913年，德国国防部开始为齐柏林的公司提供资助，以求使飞艇技术能够为德国争得未来战场上的军事优势。

为了抗衡德国的"齐柏林"飞艇

19世纪中叶，英国拥有当时世界上最强的海军，同时也是实力最强的海洋帝国，有"世界工厂"之称。但19世纪70年代以后，英国的经济发展缓慢下来，在19世纪90年代被美国超过，新兴的德国也在迅速崛起，大有赶超英国的势头，这大大影响了英国的利益和地位。

1900年，德国第一艘"齐柏林"飞艇完成首航，1909年开始服务于德国军方，这让英国非常担忧，为了应对"齐柏林"飞艇，英国皇家海军虽然大力投入研发飞机，然而"齐柏林"飞艇如同巨龙盘踞高空，而当时的飞机只能算是小怪兽，为了抗衡"齐柏林"飞艇这样的庞然大物，英国皇家海军想到了克雷曼·阿德关于航空母舰的设想。

1914年，第一次世界大战全面爆发后，"齐柏林"飞艇很快在战场上找到了用武之地。德国军方将"齐柏林"飞艇视为攻击协约国后方地区，以打击其民心、士气和动摇其战斗意志的战略利器。

第一次世界大战期间，英、德、俄、法、美、日都有以货轮改装的水上飞机母舰，用以侦察、弹着观测、海岸巡防，并执行对地与对舰攻击任务。

世界海军史上第一艘水上飞机航母

1913年5月，英国皇家海军选中一艘1900年下水、排水量5700吨的轻巡洋舰"竞技神"号，这艘"竞技神"号是英国海军史上第8艘以"竞技神"号命名的舰船，因此又被称为"竞技神八世"。

"竞技神八世"被拆除了几乎所有的重型火炮，进行了大规模的改装，甲板前面部分变成了起飞平台，后面部分变成了停机平台和机库，这艘轻巡洋舰摇身一变，成为世界海军史上第一艘水上飞机航母——"竞技神"号水上飞机航母。

❖ "齐柏林"飞艇的框架结构

103

❖ 折叠机翼后的"肖特"式水上飞机

"肖特"式水上飞机出自肖特兄弟飞机公司，该公司于1908年成立于伦敦，是世界上第一家专门生产飞机的公司。

从1914年8月开始，德国在30艘潜艇的基础上建成了一支第一次世界大战中技术最先进、规模最大的潜艇部队，而潜艇总数到战争结束时增加到了350艘左右。

在英国改造和建造航母的同时，法国基本已经超越英国完成了"闪电"号的换装，日本计划改装"若宫"号，准备混合搭载英国和法国制造的水上飞机。

为了使"竞技神"号能搭载更多当时英国最先进的"肖特"式水上飞机，英国皇家海军还对水上飞机的机翼做了折叠改造。

第一次世界大战爆发后，改装完成不久的"竞技神"号航母便满载"肖特"式水上飞机，前往英吉利海峡执行任务。原本"竞技神"号航母是为了抗衡德国的"齐柏林"飞艇，没想到德国人不讲武德，在英国人研发"航空母舰"的时候，悄悄建立了潜艇部队。"竞技神"号航母到达英吉利海峡时，德国人并没有使用"齐柏林"飞艇，而是派潜艇提前潜伏在英吉利海峡的海底，"竞技神"号在毫无防备，也毫无反潜经验的情况下，被德国潜艇射出的两枚鱼雷击沉。

"竞技神"号是英国历史悠久的舰名

"竞技神"号航母虽然在第一次世界大战中没有什么杰出的表现，但其改装后曾起落超过30架次的水上飞机，这足以证明航空母舰的价值。此后，英国皇家海军汲取了"竞技神"号

❖ 从"竞技神"号上起飞的水上飞机

改装的经验，又改建了几艘航空母舰，开始尝试把常规轮式飞机装备到军舰和水上飞机航母上，用以拦截大洋上空的德国"齐柏林"飞艇，其中最有名的是"暴怒"号航母。

"竞技神"号直接坚定了英国皇家海军改造和建造航母的信心，为了纪念"竞技神"号这个历史悠久的舰名，自"竞技神"号水上飞机航母后，英国皇家海军又先后经历了三代"竞技神"号航母。如果说第一代"竞技神"号是世界上第一艘水上飞机航母；那么第二代"竞技神"号则是世界海军史上第一艘真正意义上的航母，它不再是由其他军舰或商船改装，而是完全按照航母的标准建造；第三代"竞技神"号建于第二次世界大战末期，是为了纪念在第二次世界大战中被击沉的第二代"竞技神"号，这是一艘在英国海军历史上服役时间最长的航母之一。

❖ 从航母上起飞的普通飞机

1917年，英国皇家海军建造了第二代"竞技神"号，开创性地用舰桥将烟囱环绕起来，位于甲板右侧，形成一个舰岛，加上全通的飞行甲板，从此以后，所有的航空母舰无一例外地使用这种岛式结构。

1917年年初，英国海军装备了外形轻巧的索普威斯"幼犬"式单座双翼战斗机，这种采用轮式起落架的小型战斗机，可以从水上飞机航母的飞行甲板上直接滑跑起飞，却不能在甲板上降落，只能在海面上迫降，飞行员由军舰捞救，飞机则只能遗弃。因此，英国开始尝试改造和建造能起飞和降落非水上飞机的航母。

第三代"竞技神"号是"人马座"级航空母舰中的一艘改名而成，它于1944年开工建造，直到1955年才服役，它是英国海军历史上服役时间最长的航母之一，甚至到20世纪80年代还能率队远征马岛，航行万里打赢战争。

❖ 第三代"竞技神"号

水雷

中国人发明的大杀器

水雷最早的发明者和使用者都是中国人,这是一种专门布设于水中,用于毁伤敌方舰船或阻碍其活动的爆炸性武器,因而得名水雷,它具有价格低廉、威力巨大、布放简便、发现和扫除困难、作用灵活的特点,在世界海战史中占据重要一席。

水雷能使看似波澜不惊的寂静水面布满杀机,它是世界海战史上汇聚了古老和现代元素的独特武器,即便是不可一世的巨舰与航母编队在遭遇水雷时也会损失惨重。

中国最早有关于水雷的记录

关于水雷最早的源头可以追溯到明朝嘉靖年间,据1558年明朝唐顺之编纂的《武编》中记载,我国东南沿海经常有倭寇船只侵袭,为了对付倭寇的入侵,人们用木板制造成木箱,然后用油灰填补木缝,再将火药装填进木箱,制成一种靠拉索引爆的"水底雷",布置在倭寇船只经常经过的沿海浅滩和水道上。《武编》中还介绍,"水底雷"箱下的绳索上坠有3个铁锚,用以控制雷体在水中的深度。这或许是世界上关于水雷的最早记录。

❖ 水雷
当整个水域被大量布上水雷后,那么它就基本上被牢牢地封死了。

❖ 明朝的水底雷

据史料记载,明朝万历年间,明军在帮助朝鲜抵抗日本时,就曾用"水底雷"干掉了日本一艘大型海军战舰,这是水雷在实战中第一次取得战果,比日本的水雷早了近3个世纪。

❖ 唐顺之

唐顺之（1507—1560年），字应德，一字义修，号荆川。汉族，武进（今属江苏常州）人。明代儒学大师、军事家、散文家、数学家，抗倭英雄。

❖ 王鸣鹤

王鸣鹤，字羽卿，山阳（今江苏省淮安市）人，明朝名将，诗文家、武将、武学理论家、武进士，抗倭名将。曾守边境30余年，历大小数十战，每战必胜。著有《平黎纪事》《火攻答》等。

"水底雷"在实际防范和对抗倭寇中起到了非常大的作用，明朝水师对其进行了大的改进升级，在万历十八年（1590年）施永图编撰的《心略》一书中的《武备火攻卷》中记载了将"水底雷"的拉索引爆改进成以燃香为定时引信的漂雷——"水底龙王炮"。16世纪末，被明朝皇帝誉为"天下将才第一"的名将王鸣鹤，曾将自己制作的以绳索为碰线的"水底鸣雷"撰写于《火攻答》一书中。1621年，王鸣鹤又将"水底鸣雷"改进为触线引信，这是世界上最早的触发漂雷，"敌船触之，机落火发，炸毁敌船"。

明朝有记载和无记载的水雷在对抗倭寇的海战中毁伤敌船无数，这比欧美国家制造使用水雷的历史要早几百年。

❖ 名字叫作鱼雷的水雷

此鱼雷并非真正的鱼雷，而是由美国发明家大卫·布什内尔发明制造的水雷。

❖ 布满水雷的海域

❖ 第二次世界大战中的日本水雷

水雷战最成功的事例之一：第二次世界大战中，美国通过轰炸机布设1万多枚水雷，对日本列岛形成封锁，造成日本岛内物资输入下降90%，工业全面瘫痪。这便是美军对日本发动的"饥饿战役"行动。

国外水雷发明远晚于中国

国外最早使用水雷的应该是俄国，据苏联1956年10月出版的《军事知识》描述，"1769年俄土战争期间，俄国工兵初次尝试使用漂雷，炸毁了土耳其通向杜那依的浮桥"。不过，在国外，水雷是在美国独立战争中成名的。

有记载，1776年，美国发明出第一颗真正意义上的水雷，命名为"鱼雷"，其设计者是美国发明家大卫·布什内尔，"鱼雷"的原理和构造与我国明朝时期发明的"水底雷"相似，唯一不同的就是木箱变成了啤酒桶。

1778年1月7日，在美国独立战争期间，北美人民利用大卫·布什内尔的设计，将火药和机械击发引信装在啤酒桶里制成水雷，顺流朝停泊在费城特拉瓦河口的英国军舰漂浮而去，然而，一个个装满炸药的啤酒桶并没有被触发而爆炸，反而

水雷造价不高，但是威力却极猛，总能收获意想不到的战果。在越南战争中，美国的"卡德"号轻型航母被水雷炸沉。两伊战争中，一枚价值仅1500美元的老式水雷，将美国的新型导弹护卫舰"罗伯茨"号炸开一个大洞，造成近1亿美元的损失。

❖ 第二次世界大战中德国人使用的水雷

被英国水手发现，当成成桶的啤酒，打捞时突然爆炸，炸死炸伤了一些人，史称"小桶战争"。从此，水雷这一武器名扬天下，西方各国纷纷开始研制和改进并广泛使用。

水雷的威力突飞猛进

随着第一次工业革命的到来，烈性炸药、雷管等多种新技术的出现，水雷的制作水平不断提高，逐渐成为战场上的致命武器之一。据不完全统计，仅第一次世界大战期间，整个交战双方水域布设的水雷就超过 30 万枚，炸毁舰艇、潜艇、商船和民船多达几百艘。

第二次世界大战期间，水雷制作技术更加先进，相继又出现了磁性水雷、音响水雷、水压水雷等非触发性水雷，能根据舰艇的声场、磁场、水压等特性不同，实施更精确打击。据记载，第二次世界大战中，交战各国布设的水雷超过 80 万枚，炸毁的船只达 3700 多艘。

在现代海战中，水雷是不可或缺的武器。一枚造价成本很低的水雷，就足以让一艘造价数千万美元乃至上亿美元的现代化军舰报废。因此，水雷同化学武器一样，被誉为"穷国的原子弹"，直到如今，依旧是各国武器清单中最常备的重要武器之一。

❖ **俄国在日俄旅顺战中使用的水雷**

在 1904—1905 年的日俄战争中，俄国人在旅顺港顶住了日本人将近一年的进攻，他们防御沿岸的主要手段就是水雷阵。

19 世纪中期，俄国人 B.C. 亚图比发明了电解液触发锚雷，在 1854—1856 年的克里米亚战争中，沙皇俄国曾将这种触发锚雷应用于港湾防御战中。

海湾战争中，伊拉克海军舰艇基本上无所建树，只有布设的 1200 余枚水雷造成多国部队 9 艘舰艇损伤，其中仅美国就有 4 艘舰艇被损伤。

在 1952 年的朝鲜战争中，朝鲜人民军在元山港外布设了 3000 多枚水雷，美军出动了 60 艘扫雷舰和 30 多艘保障舰船，外加不少扫雷直升机进行清扫，结果使美军的整个登陆计划推迟达 8 天之久。

直至如今，水雷依然是各国海战的大杀器。2022 年俄乌战争爆发后，水雷就成为乌克兰应对俄罗斯海军的一项重要武器，乌克兰在多个海域布置了大量的水雷。同时，俄罗斯也在进入乌克兰的航道和港口附近布满了水雷，封锁了乌克兰与欧洲之间的贸易通道。

❖ **磁性水雷**

磁性（吸附性）水雷是一种很古老的武器，在 100 多年前就有了，它采用负压装置或磁性材料"粘"在船体水线附近，使用方法是由潜水者悄悄地将它吸附在敌舰上。历史上，磁性水雷曾多次取得过重大战绩。1968 年，3 名越军靠磁性水雷炸沉了美军一艘 1.5 万吨的油船。随后，越军特工队又在西贡港将美军的"卡德"号航母炸沉。

撑杆雷、杆雷艇

鱼雷、鱼雷艇的前身

作战方通过一根长杆将"水雷"固定在小艇舰首,利用小艇顶着"水雷"直接撞击敌舰,这种小艇被称为"杆雷艇",而舰首的"水雷"则被称为"撑杆雷"。

美国发明家、船舶大亨罗伯特·富尔顿于1793—1797年设计了第一艘工作潜艇"鹦鹉螺"号。1803年,他设计建造了近代造船史上第一艘真正的汽船。

水雷发明以后,很快成为海战中最常见的武器之一,但是它也存在不少缺点,如布设后不能移动,在海战中缺乏主动性和灵活性等,因此,撑杆雷应运而生。

富尔顿最早设计了撑杆雷

撑杆雷最早的设想来自美国发明家、船舶大亨罗伯特·富尔顿。

1796年,26岁的拿破仑被任命为法兰西共和国意大利方面军总司令时,富尔顿曾向拿破仑推荐过一款自己设计的武器——撑杆雷,这是一种在29.3米长的长杆一端固定炸药桶,然后将其固定在舰首,靠舰艇将长杆一端炸药送至敌舰后引爆的武器,然而,富尔顿设计的撑杆雷并没有得到拿破仑的认可,因为当时在海战中依靠大炮完全可以摧毁敌舰,拿破仑以造价太高为由拒绝了他。

❖ 撑杆雷和杆雷艇

❖ 小艇舰首处便是撑杆雷

❖ 南方军的"弗吉尼亚"号

因此，直到罗伯特·富尔顿1815年逝世，其关于撑杆雷的设计依旧只是一个设想。

南方军想到了撑杆雷

美国南北战争爆发后，北方军的海上力量要胜于南方军，北方军最先进的战舰"监视者"号与南方军的主力舰"弗吉尼亚"号相遇，随即展开了激战，没多久，"监视者"号就依靠旋转炮塔将"弗吉尼亚"号击败，"弗吉尼亚"号只能带着累累伤痕逃入查尔斯顿港内。

南方军为了阻止北方军乘胜追击，在海面上布满了威力巨大的水雷，随即北方军将南方军封锁在狭小的查尔斯顿港内。

南方军虽由水雷和港内炮台火力暂时阻止了北方军攻击，但是却无法主动出击打破北方军的封锁，于是南方军想到了富尔顿曾经的设计——撑杆雷。

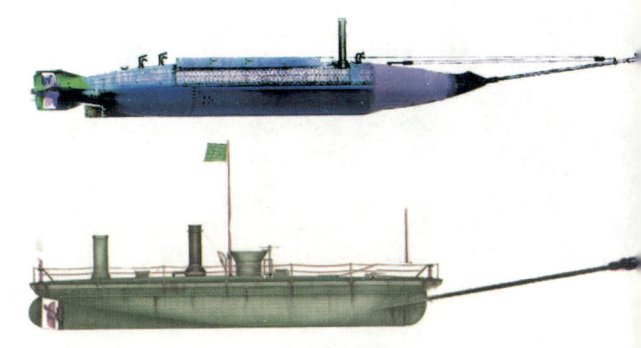

❖ 早期的杆雷艇

最早的杆雷艇出现于美国南北战争期间，南方军的一艘原本想要改为撞角铁甲舰的炮艇"莫里"号，被改为杆雷艇"火炬"号。随后，南方军又设计了"爆竹"号、"大卫"号等杆雷艇。

❖ 战火纷飞的查尔斯顿港

111

鱼雷的前身

撑杆雷是一种在长杆上面绑着一枚水雷的爆破装置，这种武器很简陋，杀伤力却很大，但是要想发挥其威力，还需要有与之配合的舰艇——杆雷艇，传统以风帆为动力的小艇很难快速地打击目标。因此，南方军开始摸索制造各种以蒸汽机为动力的杆雷艇，先后制造了"火炬"号和"大卫"号两艘杆雷艇，在它们的船首绑着撑杆雷向在港外封锁的北方军冲击，此举虽然没有对北方军造成太大的伤亡，也着实使北方军忙于应对。

直到 1865 年，查尔斯顿港被北方军攻陷，南方军的撑杆雷和杆雷艇的研发和升级才停止。撑杆雷在美国南北战争中并没有取得太多战果，但是其因能远距离攻击目标而成为海战大杀器鱼雷的前身。

后来，随着鱼雷和鱼雷艇的出现，撑杆雷和杆雷艇这种近战武器也逐渐退出了历史舞台。

❖ 杆雷艇攻击大型船只

法军曾用杆雷艇攻击福建水师

当年罗伯特·富尔顿向拿破仑推荐撑杆雷并没有被认可，但是，法国在看到美国南北战争期间南方军使用并不断更新的撑杆雷和杆雷艇的威力后，也制造了杆雷艇。

在中法马江海战期间，法国远东舰队中就有两艘杆雷艇。1884 年 8 月 23 日下午，法国的这两艘杆雷艇突然偷袭福建水师旗舰"扬武"号和巨舰"伏波"号，"扬武"号被攻击后起火，"伏波"号则被法国的撑杆雷的铁杆刺入船身，最后，虽然法国这两艘杆雷艇均被击沉，但是"扬武"号严重受伤，巨舰"伏波"号则因船身破损而沉没。

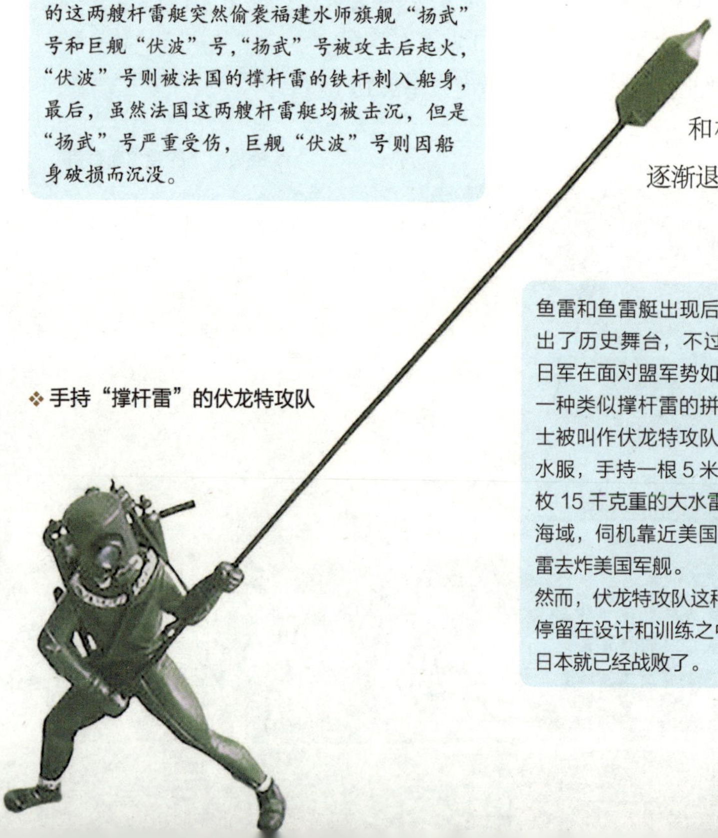

❖ 手持"撑杆雷"的伏龙特攻队

鱼雷和鱼雷艇出现后，撑杆雷和杆雷艇也逐渐退出了历史舞台，不过，在第二次世界大战末期，日军在面对盟军势如破竹的攻势时，还曾设计出一种类似撑杆雷的拼命武器，使用这种武器的战士被叫作伏龙特攻队，他们的作战方式是身着潜水服，手持一根 5 米长的竹竿，竹竿顶端绑着一枚 15 千克重的大水雷，潜伏在美国军舰艇经过的海域，伺机靠近美国军舰，然后用竹竿顶端的水雷去炸美国军舰。

然而，伏龙特攻队这种"撑杆雷"式的武器，一直停留在设计和训练之中，未能真正在战场上实施，日本就已经战败了。

白头鱼雷

世界上最早的鱼雷

白头鱼雷是人类历史上第一枚真正的鱼雷，因它能像鱼一样在水里游，还能命中目标，故称为"鱼雷"，又根据研制者罗伯特·怀特黑德的名字（Whitehead 意译为"白头"），将这款鱼雷命名为"白头鱼雷"。

虽然在18世纪时就已经出现了鱼雷，但那只是水雷的一种称呼，人类历史上第一枚真正的鱼雷是"白头鱼雷"，它是由英国工程师罗伯特·怀特黑德研制而成的。白头鱼雷是一种能在水中发挥威力的武器，可从舰艇和飞机上发射，入水后自己控制航行方向和深度，一旦接触目标就会爆炸，非常具有杀伤力。

❖ **早期的鱼雷**

早期的鱼雷只是带控制系统的直航雷。这种鱼雷需要在发射前设置预定的航程，一旦发射便不能再次控制其上浮或下潜。这个时期的鱼雷的动力来源主要是蒸汽瓦斯或铅酸蓄电池，只能打击近距离目标，难以进行远程攻击。

据统计，第一次世界大战中，各国军舰被鱼雷击沉162艘。第二次世界大战中，各国军舰被鱼雷击沉369艘。

怀特黑德

1823年，罗伯特·怀特黑德出生于英国博尔顿，他的父母经营着棉花加工漂白生意，他自幼就对家族工厂中的机器设备产生了浓厚的兴趣，14岁时就主动跟随机械师傅，游历世界各地推销纺织机械，之后又以优异的成绩考入英国曼彻斯特机械学院，1840年毕业后便去往法国土伦船厂工作，随后在意大利米兰担任工程顾问，期间获得众多机械设计等方面的专利。

❖ **罗伯特·怀特黑德**

"白头鱼雷"诞生后，罗伯特·怀特黑德也被世人奉为"现代鱼雷之父"。1905年11月14日，罗伯特·怀特黑德病死于英国，他的墓志铭上写着：他的名字因鱼雷而被全世界知晓。

❖ **早期的鱼雷**

早期的鱼雷主要由水面舰体携载发射，入水后按预先设定的航深和航向做直线航行，在有效射程内攻击水面舰船及其他水中目标，命中率取决于测定目标运动参数的准确度、鱼雷深度和航向控制的精确度。

白头鱼雷采用静水压阀门和惯性摆锤共同操纵横舵，即利用静水压设定鱼雷的航行深度，用惯性摆锤减少鱼雷在定深线附近的波动。

成为奥匈帝国海军的合作伙伴

1848年，欧洲掀起了反对君主政体的革命，革命运动首先在西西里岛掀起，然后迅速蔓延到意大利其他地方，为了躲避动乱，罗伯特·怀特黑德不得不离开意大利，来到奥地利帝国的里雅斯特的阜姆，他依靠自己掌握的机械技术，创办了一家钢铁厂，取名为逢德里亚钢铁厂，这就是白头鱼雷制造公司的前身。

随着欧洲反对君主政体革命的推进，德意志、法国以及奥地利帝国都没能逃过，罗伯特·怀特黑德的钢铁厂再次处于动乱之中，1856年，由于他不想再逃避战乱，于是将工厂更名为阜姆士他俾劳勉图厂，专门研发生产舰船蒸汽机和发动机，很快，工厂的产品成为当时最先进的产品，获得了大量的订单，随即成为奥匈帝国海军的合作伙伴。

鱼雷的前身是撑杆雷

❖ **小艇船首即是撑杆雷**

早期，海军战舰和特制的鱼雷艇普遍都装备一个至数个鱼雷发射管，但两者的发射方式略有不同。

鱼雷的前身是诞生于19世纪初的撑杆雷，它通过一根长杆固定在小艇舰首（这种小艇被称为杆雷艇），海战时小艇

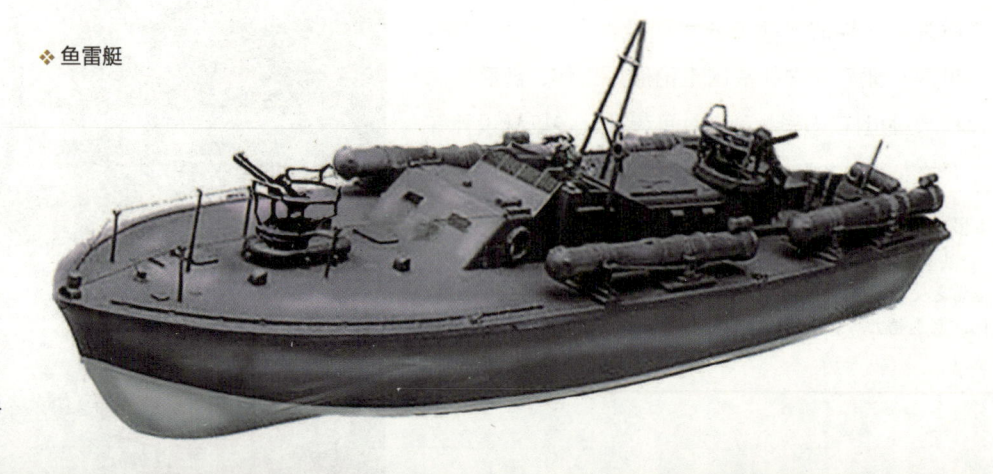

❖ **鱼雷艇**

114

冲向敌舰，用撑杆雷撞击敌舰后引发爆炸。这种撑杆雷的威力很大，但是在炸毁目标的时候，往往会很容易误伤到自己的小艇，甚至在小艇冲向敌舰的过程中会因被对方发现而炸毁。

为了能更有效地使用撑杆雷，各国海军都做了各种技术改进，但是效果并不大，直到1864年，罗伯特·怀特黑德的好友、奥匈帝国海军的卢庇乌斯舰长把压缩空气发动机（历史上称为冷动力发动机）装在

❖ 老照片："白头鱼雷"

几乎与怀特黑德同步，俄国发明家亚历山德罗夫斯基也研制出类似的鱼雷装置，俄土战争时期——1878年1月13日，俄国舰艇向60米外的土耳其的"因蒂巴赫"号通信船发射鱼雷，将其击沉。这是海战史上第一次用鱼雷击沉敌方舰船。

❖ 俄国海军与鱼雷合影

❖ 清朝北洋水师购买的鱼雷

1880 年，北洋水师正式从德国购买了两艘使用白头鱼雷的鱼雷艇 "乾一""乾二"。此时距离罗伯特·怀特黑德批量生产鱼雷仅仅晚 8 年。

鱼雷问世后，很快便成为欧美各国海军的新宠，同时改变了世界海军的作战方式，作战重心由水面转移到水下。英国大舰队司令 1906 年说，如果没有鱼雷，潜艇只不过是一个有趣的玩具。

1895 年，怀特黑德对 "白头鱼雷" 进行首次重要改进，采用奥地利人路德维格·奥布赖发明的方位角控制鱼雷陀螺仪技术；1898 年怀特黑德又引进当时的最新技术，增强了 "白头鱼雷" 攻击方向的稳定性。1899 年，奥匈帝国海军士官路德维格·奥布赖将陀螺仪安装在鱼雷上，实现了对鱼雷方向的精密控制；1904 年，美国海军改进了鱼雷发动机，使鱼雷的航速提高至约 65 千米/小时，航程达 2740 米，就这样，鱼雷制造技术日趋成熟，以至于如今依旧是各国海军的重要武器。

撑杆雷上，利用发动机带动螺旋桨使雷体在水中穿行，攻击敌舰。但由于这种撑杆雷的速度低、行程短、控制不灵，卢庇乌斯的发明并未能投入使用，但是他的这种设计思路启发了罗伯特·怀特黑德。

不被奥匈帝国海军认可

1866 年，罗伯特·怀特黑德在卢庇乌斯设计的撑杆雷的基础上，通过液压阀操纵鱼雷尾部的水平舵板，成功地实现了对航行深度的控制，时速也达到了 11 千米，射程达 180～640 米，而且炸药在水下的爆炸威力比在水面大得多。这便是罗伯特·怀特黑德制造出的人类历史上第一枚真正的鱼雷，取名为白头鱼雷。

罗伯特·怀特黑德为了研制白头鱼雷，动用了大量的资金，原本以为白头鱼雷能被奥匈帝国海军认可，但是事与愿违，奥匈帝国海军并没有大量订购白头鱼雷，这导致罗伯特·怀特黑德的阜姆士他俾劳勉图厂入不敷出，不得不在 1873 年正式宣告破产。

白头鱼雷被英国人看好

罗伯特·怀特黑德手握白头鱼雷技术，但没有获得奥匈帝国海军的认可，于是他携带两枚鱼雷前往英国，很快就获得了英国人的认可,并于 1871 年与英国签订在英国制造白头鱼雷的协议,英国鱼雷也以此为原型开始发展。

罗伯特·怀特黑德并不甘心白头鱼雷仅被英国使用开发,因此 1875 年,他在破产的阜姆士他俾劳勉图厂原址上重新建了一座工厂,取名为白头鱼雷制造公司。不过,白头鱼雷制造公司很快就被英国的威格士有限公司和阿姆斯特朗—怀特沃斯公司收购,1878 年后开始批量生产白头鱼雷。

后来,罗伯特·怀特黑德将鱼雷发明专利权出售给其他国家的海军。从此,白头鱼雷成为各国鱼雷发展公认的母型。随着鱼雷技术的不断改进,一时间成了大杀器,在各种海战中发挥着不同的作用。

> 在 1891 年的智利内战时,智利海军的"林其海军上将"号鱼雷艇发射了一枚 360 毫米口径的白头鱼雷,击中 100 码处叛军的"布兰克·英卡拉达"号军舰左舷,致其沉没,为智利海军平叛做出了重要贡献。
>
> 如今的鱼雷功能已经非常强大,它们能在水下自航、制导,攻击水面或水下的目标。此外,鱼雷的使用范围广,能自动搜索攻击目标,具有隐蔽性好、抗干扰能力强、命中率高、爆炸威力大等特点,是海军主要的攻击武器之一。

怀特黑德制造的白头鱼雷投放市场后,引起了世界瞩目,各国海军竞相采用。当时我国的清政府也对此非常感兴趣,光绪五年(1879 年)九月,清政府派徐建寅等前往英国、法国、德国考察了多家船厂,最后向德国订造了两艘可发射"白头鱼雷"的鱼雷艇,这也是中国最早的鱼雷艇。

❖ 清政府向德国定购的鱼雷艇

1944 年 11 月 28 日,日本建造的当时世界最大的航母"信浓"号,居然在服役刚几天的处女航中就被美军 4 枚鱼雷炸沉了。

❖ 在处女航中即被鱼雷炸沉的"信浓"号

锚

海员的守护神

锚的外形构造很简单，但是作用却很大，明代著名科学家宋应星著的《天工开物·锤锻·锚》中这样描述锚的用途："凡舟行遇风难泊，则全身系命于锚。"锚一般为铁质或钢质，是各种商船、民船以及军舰中必不可少的一种装置，被各国海员称为"海员的守护神"，它的历史非常悠久。

世界上很多国家的航海部门将"锚"作为标志，另外，海军、海员、水手们也都喜欢用它作为装饰，如动画片《大力水手》的主角波比的手臂上就有锚的文身。锚伴随着船只技术的发展而进步，由最初的石锚变成如今的铁锚，已经历了几千年的发展。

锚的祖先

锚的祖先最早可以追溯到公元前3000年，我国的先民和古埃及人已经学会了制造简易的小船（那时的小船顶多算是竹木筏）航行于大海之上。古人为了克服触

❖《天工开物·锤锻·锚》
《天工开物·锤锻·锚》中描述锚重达千钧，是古代铁匠能做的最大物件。

这是2013年4月在临近红海、苏伊士城以南119千米处发现的锚。
❖ 石锚（石坠儿）

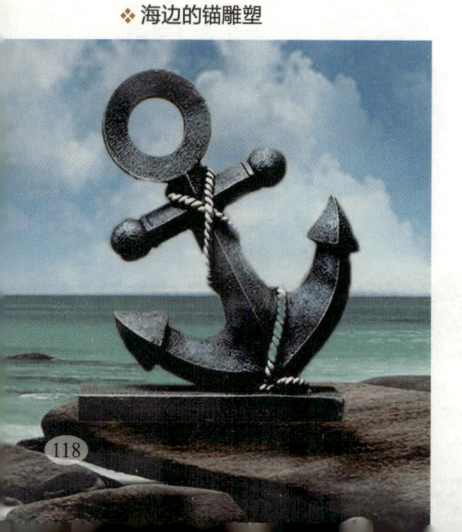

❖ 海边的锚雕塑

❖ 美国海军军徽中的锚 　　❖ "库尔贝"号护卫舰舰徽上的锚 　　❖ 带锚徽的水手帽

礁和风暴,在船上安装了"锚",它是一块中间凿了孔的石头,然后用缆绳将它系住,每当遇到礁石或者风暴,古人就会把"锚"抛入水中或扔到岸上,迫使船只紧急停下来,避免风暴和触礁的危险,而这种被当作"锚"的石头,我国古时称为"石坠儿",这或许就是如今铁锚的祖先了。

石锚的各种使用方式

我国和西方沿海各国使用石锚的年代延续了很久,一直到铁锚出现后还有很多船只会使用石锚,这期间石锚也不断被改进,从早期简单的石块,变成刻意雕琢成的各种形状,如今已经消失的海洋民族腓尼基人,他们在石锚上凿出很多洞,然后将木棍纵横交错地插在石锚

❖《大力水手》中的主角波比

《大力水手》中的主角波比的手臂上有醒目的锚的文身。

古人出海时会将石质的圆柱体或正三角形的锚搁置在船头。

自 1973 年以来,在美国加利福尼亚州海岸的浅海地区先后发现了 11 块包括圆柱形、正三角形、中间有空的圆形等形状的石块,经过科学家测试,发现这是来自有 2000~3000 年历史的殷商时期的石锚,这佐证了中国人的祖先早在至少殷商时期就已经到达了美洲大陆。

❖ 锚

锚的整体设备一般包括锚、锚机、锚链、制链器、锚链舱、弃链器,以及各种缆绳、导缆装置、系缆装置、绞缆机械等系泊设备。

❖ 单钩铁锚

"固钩潜水夫"是指早期潜水固定铁锚的人,是一个危险性很大的职业,从事这种职业的人大部分是奴隶和穷人。

❖ 木锚(中国国家海洋博物馆内的藏品)

腓尼基人曾使用沉重的锡包裹松木制作锚。无独有偶,我国宋元时期开始使用木石相结合的锚,而元末明初后发展为木锚,明代中期以后基本改用木锚、铁锚共存,近代特别是民国中后期完全启用铁锚,民间渔船等少量沿用木锚。

❖ 四爪铁锚

这种锚在我国历经上千年,很多民船如今依然使用它。

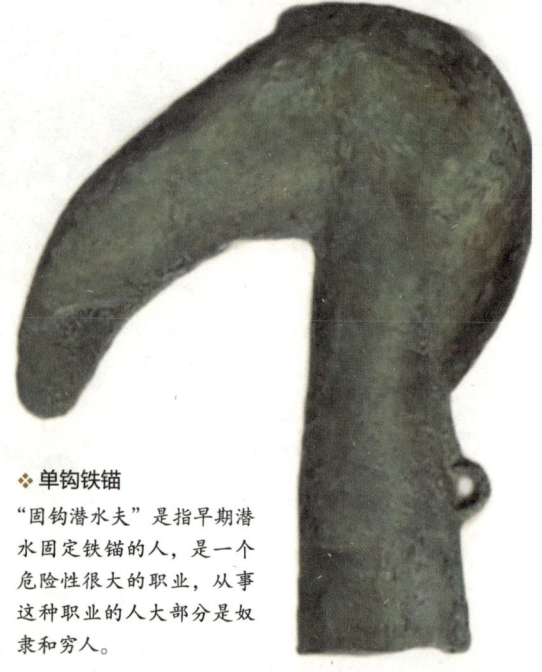

上,当插满木棍的石锚扔入海底时,能很稳定地固定在海底。后来的古希腊人和古罗马人以及我国春秋时期的人们,为了能更快速地稳定和停靠船只,在使用石锚的过程中又做了各种改进,如将两只和两只以上的石锚绑在一起使用,又比如,用一个铁笼,里面填满石块,作为锚使用,甚至还出现了在装满石块的铁笼上安装铁钩,以便能更加快速地抓住海底的礁石泥沙。这个时期的石锚在我国被称为"徒""碇"或"锤舟石"等。

早期的铁锚使用难度大

如今的锚大部分都是铁质的。实际上,铁锚出现得非常早,只是未能被广泛使用。早在公元前600年,小亚细亚的航海家、哲学家阿拉哈斯就曾找铁匠打造了一个大大的弯钩,用绳子系于船头当作锚用。只是这种"锚"的使用难度很大,所以未能普及,当时大部分人还是使用石锚,但阿拉哈斯的发明却是史上第一

> 如今渔民或者海员常常把停船叫作"碇泊"或是"下碇",而起航为"起碇"。

只铁锚,是具有跨时代意义的发明。

早期的铁锚很难自行钩住海底,所以并不好用,但由于它是由铁打造而成的,比石锚重很多,加上大大的钩子,能很好地钩住海底,在使用过程中对船只的减速效果比石锚好很多。因此,即便它不好用,也得到了很多人,尤其是有钱人的喜爱,因为他们有钱雇用专门的"固钩潜水夫",或者派遣奴隶潜入水下将这种笨重的铁锚固定在水底。

锚的种类繁多

我国出现铁锚的时间或许稍晚,但是在春秋战国时期就已经出现了简易的钩状"锚",至东晋之后的南朝就已经出现了真正的铁锚,而后迅速发展成四爪铁锚,这种锚性能优良,至今在舢板和小船上仍有使用。

欧洲沿海国家的铁锚从出现到发展至18世纪,制造技术也有了很大进步,不再需要有人潜入水下固钩,但是使用起来依旧不是那么顺手,直到1821年,英国的霍金斯设计制造出带有长长铁链和锚臂的爪铁锚,使铁锚的使用变得容易起来。

随着全球航海业的兴起,锚变得格外重要,因不同的船只、不同的需求而出现了形形色色的锚,如1885年英国船长霍尔又发明了"霍尔锚",它的外形像个"山"字,所以也称为"山"字锚,这种锚出现后,迅速成为当时最流行的锚;1933年,英国人泰勒发明了一种样式十分独特的犁锚,能像犁一样插入海底。在现代,各种船用锚的种类繁多,从造型上大致分为有效锚、大抓力锚和主定锚等。

❖ 霍尔锚

❖ 犁锚

1933年,英国人泰勒在锚的底端装上一个双犁铧,极大地提升了锚钩的抓力,抓力是普通锚的两倍。

❖ 银币上的锚

指南针

中国古代四大发明之一

指南针是中国古代四大发明之一。在电子导航、卫星导航等现代导航技术出现之前，指南针是最重要、最知名的导航设备。古代中国人将指南针用于军事和航海活动，也用于堪舆术。后来，指南针辗转传入欧洲，成为欧洲的航海活动和地理大发现中最不可替代的重要装备。

"指南"的词义有指导或准则之意，而"指南"这个词来自"司南"，两者仅一音之转。在汉代至唐代的文献中，可读到诸如"事之司南""文之司南"以及"人之司南"等词语。唐代以后，在社会科学中，"司南"一词完全为"指南"所取代，而且"司南"（磁勺）奇迹般地销声匿迹，因为磁针已经问世。

❖ 指南针

目前，尚无司南原件以及出土文物，但在汉代的石刻画像中描绘了司南的形状，现代科学家据此复原了汉代的司南。

❖ 司南

航海史上最早使用指南针的记载

在航海技术发明中，指南针是最重要的单项发明之一，最早使用指南针的记载出自我国北宋年间，当时地理学家朱彧将父亲朱服在北宋哲宗元符二年至徽宗崇宁元年（1099—1102年）在广州做知州期间的见闻编入他的著作《萍州可谈》，书中记录了广州的番房、市舶等诸多情况，并记录了中国海船上经验丰富的水手们，在航海时识别方向的方法，"舟师识地理，夜则观星，昼则观日，阴晦则观指南针，或以绳钩取海底

据记载，司南是用整块天然磁石经过琢磨制成勺形，勺柄指南极，并使整个勺的重心恰好落到勺底的正中，勺置于光滑的地盘之中，地盘外方内圆，四周刻有干支四维，合成24向。

泥，嗅之便知所至。"根据朱彧所著的《萍州可谈》，可以证明当时广州海船上使用指南针的时间不会晚于徽宗崇宁元年（1102年），这是世界航海史上最早使用指南针的记载。

指南针的始祖——司南

指南针最早用于航海始于宋朝，但是指南针的始祖——司南，一般认为，大约出现在战国时期，东汉学者王充在《论衡》中记载："司南之杓，投之于地，其柢指南。"司南是把天然磁石琢磨成勺子的形状，放在一个水平光滑的"地盘"上制成的，静止后，长柄就会指向南方（"杓"同"勺"，地盘也叫栻盘，最早出现在秦汉时期），故古人称它为"司南"，战国末期的著作《韩非子》中写道："先王立司南以端朝夕。""端朝夕"就是正四方、定方位的意思。

古人最初以司南作为辨认方向的工具，用于祭祀、出行、占卜、军事作战、看风水等。如《鬼谷子》一书最早记录了"司南"的应用："郑人之取玉也，必载司南之车，为其不惑也。"意思是郑国人采玉时，必会将司南车带上，以确保不迷失方向。

❖ 司南车

春秋时期，人们已经能够将硬度5~7度的软玉和硬玉琢磨成各种形状的器具，因此也能将硬度只有5.5~6.5度的天然磁石制成司南。

轻巧灵活的"指南鱼"

据记载，司南是用整块天然磁石经过琢磨制成勺形，因天然磁石不易获得，而且在加工时容易因打磨受热而失磁；另外，使用时需要地盘非常光滑，否则会因摩擦阻力过大而无法准确指南；而且成品司南的体积和重量都比较大，不便于携带，因此未能获得广泛应用。

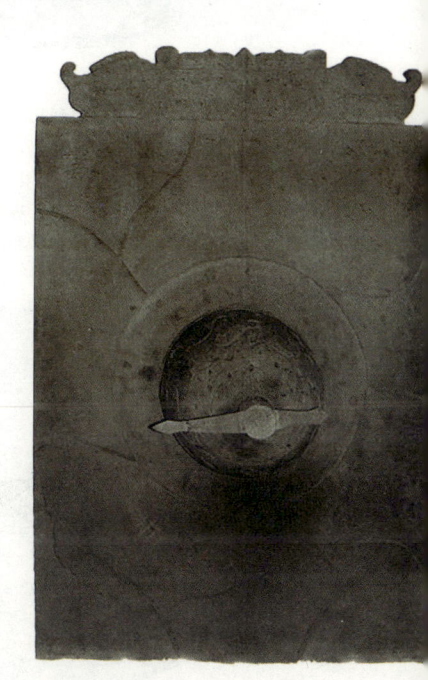

❖ 三星堆出土的指南针
一块石板上有一个半球（地球），半球顶部有一个指南针，其整个方位和造型与如今的罗盘完全一致。短针是指南方的，长针是指北方的。

123

❖ 指南针

❖ 司南佩

司南本是我国古代发明的利用磁场指南性制成的指南仪器，用于正方向，定南北。在汉代占卜之风大盛时，又成为测算凶吉的工具。人们遂仿司南之形，将实用器转变为佩饰器，琢成顶部有司南形状的小玉佩，随身佩戴，用于辟邪压胜，为司南佩。

到了西晋期间，人们发现了天然磁化的技术，于是将薄铁皮剪成鱼形，鱼的腹部略下凹，像一只小船，放到火中烧至通红，然后将鱼头朝南、鱼尾朝北迅速放入水中，便可获得一个经由地磁磁化后的指南鱼（司南鱼），同样有指南的功能，但因指南鱼的磁性较弱，一般常被作为一种民间游戏流传。西晋崔豹在其所著《古今注》中曾提到过这种指南鱼。

北宋政治家、文学家曾公亮在其所著的《武经总要》中记载了指南鱼的制作和使用方法，"用薄铁叶剪裁，长二寸，阔五分，首尾锐如鱼形，置炭火中烧之，候通赤，以铁钤鱼首出火，以尾正对子位，蘸水盆中，没尾数分则止，以密器收之。用时置水碗于无风处，平放鱼在水面，令浮其首，常南向午也。"

最早将指南针用于航海

时至宋朝，指南针的制造技术有了很大的发展。随着磁化技术的发展，指南鱼早已不是民间游戏玩具，已用于军事和航海，它和司南一样，是中国古代用于指示方位和辨别方向的一种器械。

❖ 指南鱼

指南鱼是利用地球磁场使铁片磁化的，即把烧红的铁片放置在子午线的方向上。烧红的铁片内部分子处于比较活跃的状态，使铁分子顺着地球磁场方向排列，达到磁化的目的。

❖ 早期出现的指南针
我国最初的指南针广泛采用的是水浮法。后来，水浮法指南针被称为水罗盘，即把磁化了的铁针穿过灯芯草，浮在水上，磁针浮在水上转动来指引方向。

❖ 水罗盘
把指南浮针与方位盘结合在一起就成了水罗盘。

北宋时，人们不仅使用指南鱼，还使用铁针磁化后浮于水面，制作成水罗盘，指南更精确。但因水罗盘在海上航行时不太平稳，易随船舶的摇动而摇晃，随后出现了将指南针放在方位盘上，真正的指南针式罗盘应运而生，这是世界航海史上最早的罗盘，这种由汉族劳动人民开创的仪器导航方法是导航技术的重大创新。

指南针被"欧化"

南宋时，指南针已被广泛用于航海，南宋赵汝适在《诸蕃志》中说："渺茫无际，天水一色，舟舶来往，惟以指南针为则。"依靠先进的导航设备，当时的海运贸易非常繁荣，我国的商船将丝织品、瓷器、金属等商品运往朝鲜、日本，远达阿拉伯半岛、波斯湾和非洲东海岸进行贸易，然后换回大量金钱和香料、药材、象牙、珠宝等。

宋朝时，我国是当时世界上最重要的海上贸易国家，这种状况一直延续到元朝。指南针也随着繁荣的航海贸易被阿拉伯人带到了欧洲，恩格斯在《自然辩证法》中指出："磁针大约在1180年（南宋孝宗惜春七年）从阿拉伯传播到欧洲。"

> 宋元时期，我国造船业异军突起，所造船舶规模大，数量多。根据吴自牧《梦梁录》卷一二《江海船舰》的记载，大型海船载重达1万~1.2万石（500~600吨），同时还可搭载500~600人。中型海船载重2000~4000石（100~200吨），搭载200~300人。

❖ 沈括

北宋沈括(1031—1095年)所著的有关我国古代科学技术的著作《梦溪笔谈》中提到一种人工磁化的方法:"方家以磁石磨针锋,则能指南。"沈括还在《梦溪笔谈》的补笔谈中谈到了摩擦法磁化时产生的各种现象:"以磁石磨针锋,则锐处常指南,亦有指北者,恐石性亦不同……南北相反,理应有异,未深考耳。"

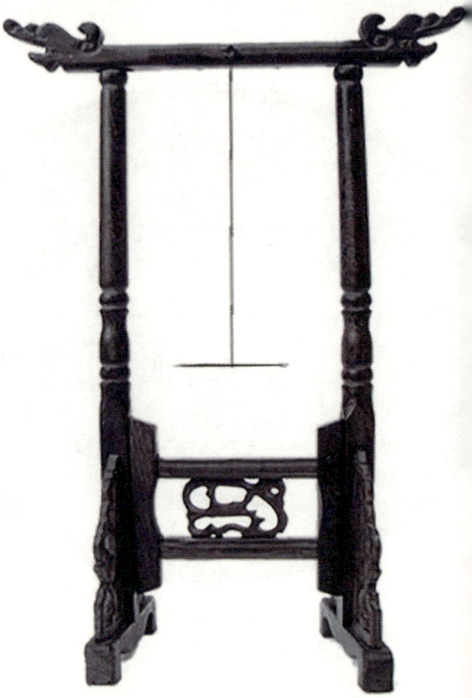

❖ 古代悬系指南针

古代在使用指南针时,除了将指针浮水和置于光滑表面之外,还有悬系法。

木头做的指南鱼和指南龟

在用薄铁皮做的指南鱼出现不久后,我国还出现了用木头做的指南鱼和指南龟。南宋陈元靓所著的《事林广记》记载,用一块木头刻成鱼的样子,像手指那样大,在鱼嘴往里挖一个洞,拿一块磁铁放在里面,再用蜡封好口。用一根针从鱼口里插进去,木头指南鱼就做好了。只需将指南鱼放到水面上,鱼嘴里的针就指向南方。

木头指南龟和木头指南鱼的做法雷同,但是使用时并不是放在水面之上,而是将其安放在竹钉上,任其自由旋转,静止后就指向南北。

陈元靓认为,这种木头指南龟和木头指南鱼是方士创造的,做成以后只是用来变戏法,并没有用于航海指向。

❖ 木头指南鱼

❖ 木头指南龟

阿拉伯人将指南针带到欧洲后，指南针就开始"欧化"，欧洲商人们对指南针进行了多次改良，之后便开始在欧洲的船员中迅速普及开，成为航海时必不可少的设备，同时也广泛应用于测量土地、旅行、军事等各个领域，为人类社会的进步起到了不可估量的作用。

❖ 古代罗盘（刻有24向方位盘）
此种罗盘属于改进后的悬针罗盘，比水罗盘方便携带了很多。

沈括在《梦溪笔谈》中谈到指南针不全指南，常微偏东，指出了磁偏角的存在。磁偏角和磁倾角的发现使指南针的指向更加准确。

在宋朝时，广州已经是我国与海外贸易的大港，有管理海船的船政部门和供海外商人居住的番馆，航海事业相当发达。

元代，指南针一跃成为海上指航的最重要仪器。不论昼夜晴阴都用指南针导航了，而且还编制出使用罗盘导航、在不同航行地点指南针针位的连线图，叫作"针路"。船行到某处，采用何针位方向，一路航线都一一标识明白，作为航行的依据。

❖ 欧洲18世纪的指南针

其他

麦哲伦企鹅

温带企鹅中最大的一种

麦哲伦于1520年11月第一次在南美洲的航行中发现了这种企鹅，后人就用他的名字将其命名为麦哲伦企鹅，以此来纪念这位伟大的航海家。

企鹅在陆地上像人一样站立着，总像是在昂首远望，期盼着什么，所以名为企鹅。当年麦哲伦率领环球航行船队航行到达南美洲海岸时，发现有一种从没见过的奇怪的鹅，这些奇怪的鹅一动也不动，具有特别的呆滞表情，被探险队中的队员皮加菲塔首先记录，因此皮加菲塔的近似音"Penguin"就成了企鹅的名字，并且传播开来。

麦哲伦企鹅是一种古老的游禽，大约在5000万年前就已经在地球上生活了。它的胸前有两个完整的黑环图案，没有扫帚尾巴，属于环企鹅属中数量最多、最大的一种，与同属的非洲企鹅、洪堡企鹅和加拉帕戈斯企鹅亲缘很近。

麦哲伦企鹅是群居性动物

麦哲伦企鹅是群居性动物，经常栖息在一些近海的小岛上，它们尤其喜欢在茂密的草丛或灌木丛中做窝，或者在较为干燥、植被并不茂盛、土质松软的地带挖洞做窝，以躲避天敌的捕杀。

麦哲伦企鹅主要分布在南美洲的阿根廷、智利沿海，也有少量迁入巴西境内。

麦哲伦企鹅可以直接饮用海水，并通过体腺将海水中的盐分排出体外。它们在食物选择上没有特殊的偏好，鱼、鱿鱼、磷虾和甲壳类动物都是它们的美食。

夫妻共同抚养下一代

每年9月，麦哲伦企鹅在巴西渡过冬天后就回到阿根廷和智利进行繁殖。孵蛋期间，雄企鹅觅食完后会接替雌企鹅孵蛋，改由雌企鹅外出觅食，夫妻双方这样交替进行，直至小企鹅出壳。

小企鹅孵化出来后，同样由父母交替出去觅食喂养幼崽，除了猎物严重匮乏的马尔维纳斯群岛附近外，大部分成年麦哲伦企鹅都会很规律地出去捕食，一般每天白天进行一次，捕食时潜水不超过50米，偶尔达到100米的深度。在冬季食

麦哲伦企鹅又称麦氏环企鹅，是温带企鹅中最大的一个种类。1520年，航行至此的探险家麦哲伦发现了这种鸟类，后来便以他的名字命名。
❖ 麦哲伦企鹅

❖ 洪堡企鹅

❖ 加拉帕戈斯企鹅

物匮乏的时候，它们会扩大捕食范围，向北可到达巴西海域。

除了马尔维纳斯群岛外，麦哲伦企鹅不会出现在南极或亚南极地区，活动范围也只限于南极辐合带以北，有时会出现在巴西附近的海域。

生存面临多种威胁

随着人类商业捕捞业的发展，麦哲伦企鹅的生存空间被挤压得越来越小，加上各种环境污染，使麦哲伦企鹅的种群数量日渐减小。据统计，如今麦哲伦企鹅的总数量有180万对左右，其中马尔维纳斯群岛附近约有10万对，阿根廷的其他地方约有90万对，智利约有80万对，它们的生存面临多种威胁。目前，在世界自然保护联盟濒危物种红色名录中，麦哲伦企鹅的保护现状为近危。

❖ 非洲企鹅

以人类名字命名的企鹅还有阿德利企鹅，它是因1840年法国探险家迪蒙·迪尔维尔以他妻子的名字命名的阿德利地而得名的。

茶叶

神 奇 的 东 方 树 叶

中国茶叶和茶文化有漫长的发展历史,最早可追溯到上古神农氏尝百草,《神农百草经》中记载:"神农尝百草,日遇七十二毒,得荼而解之。"上古无茶字,以"荼"字代"茶"字,当为茶叶药用之始。自唐代起"荼"字被减去一笔,写成"茶"字,自此便有了专用的茶字。

中国是茶树的原产地,也是最早发现和利用茶叶的地方,我国人民经过长期的实践、尝试,创造了丰富多彩的茶文化并将其传播到全世界。世界各国最初所饮的茶叶、所栽的茶树以及饮茶方法、栽培技术、加工工艺、茶事礼俗等,都是直接或间接地从中国引进的。因此,中国被誉为"茶的祖国"。

茶叶在中国的历史

茶叶俗称茶,一般包括茶树的叶子和芽,其别名为槚、茗、荈。

❖ 神农氏
传说茶叶被人类发现是在公元前28世纪的神农时代。

在唐代,不仅中原广大地区的人饮茶,而且边疆少数民族地区的人也饮茶,甚至出现了茶水铺,"不问道俗,投钱取饮。"从唐代白居易那句"商人重利轻别离,前月浮梁买茶去"诗句中,不难看出商人在当时贩卖茶叶是一件非常普遍的事情。

❖ 茶

130

茶是中华民族的举国之饮，"发乎神农，闻于周公，兴于唐，盛于宋"。上古神农氏时期，人类只是将茶叶作为药用物种；到了商周时期，茶已经从药草变成了食物；到春秋战国时期，茶叶为饼茶，已传播至黄河中下游地区；到西汉时期，四川人最早将茶作为饮品使用，这种习惯和风尚又沿着长江传播，但是，此时的茶依旧是比较珍贵的物品，除了四川地区外，民间很少饮茶；到魏晋、南北朝之后，茶作为饮料才在民间广为传播。

到了唐代，茶又伴随着佛教文化的兴起而兴盛，佛门茶事盛行，带动了善男信女饮茶，促进了饮茶风气在社会上的普及，并大行中国的"茶道"。唐朝茶圣陆羽写了《茶经》之后，茶道更是兴盛。饮茶之风扩散到民间，因为人们把茶当作家常饮料。此时，茶叶和饮茶方式开始向国外传播，特别是对朝鲜和日本的影响很大。

在宋朝，除了上层社会嗜茶成风外，茶在民众的日常生活中成了必需品，《梦粱录》中这样描述："盖人家每日不可阙者，柴米油盐酱醋茶。""夫茶之用，等于米盐，不可一日以无。"茶成为宋人"开门七件事"之一。

元朝时期，饼茶逐渐衰落，以散茶、末茶为主，制茶工艺已与现代蒸青绿茶的工艺差不多，民间大众已大多饮用散茶。

到明清时期，"工夫茶艺"开始流行，到清代后期，我国茶叶生产开始由盛而衰，19世纪后半叶，我国年均产茶二十几万吨，出口茶叶十几万吨，出口量占当时世界茶叶贸易总量的80%以上，但到了20世纪初，由于列强入侵，茶叶生产一落千丈。直到中华人

❖《煮茶》
明朝以前的茶砖是需要煮后饮的。

两汉时期，茶叶开始作为四川的特产进贡到皇宫，成为御用贡品。由于当时的茶叶比较稀少，即便是在权贵阶层也是珍品，只有很少一部分的王公大臣才有机会品尝到。

从晋代开始，佛教徒、道教徒与茶结缘，以茶养生，以茶助修行。从饮茶起就有了"客来敬茶"的礼节，到两晋南北朝时，"客来敬茶"成了普遍的礼仪。两晋南北朝，茶文学初步兴起，产生了《荈赋》等名篇，中华茶艺也于西晋时萌芽。

❖ 古人在喝茶

民共和国成立后,茶叶生产才再度有了飞速发展,我国的茶园面积又占据世界第一位,成为茶叶生产大国。

神奇的东方树叶

茶叶被西方人称为"神奇的东方树叶",如今已经成为风靡世界的三大无酒精饮料(茶、咖啡和可可)之一,在异国他乡大放异彩。

中国茶叶向外输出的最早时间在公元473—476年间,当时奥斯曼人来到我国西北边境以物易茶。13世纪,蒙古帝国崛起,伴随着蒙古铁骑,中国茶文化被带到了阿拉伯半岛和印度,茶叶由阿拉伯商人和印度商人贩卖给欧洲商人。后来,崛起的奥斯曼帝国截断了亚欧大陆的商路,欧洲商人开始寻求从海上前往东方大陆的通道。

1498年,葡萄牙航海家达·伽马成功抵达印度,顺利打通了欧洲通往东方的航道。此后,茶叶与东方香料一起通过海路被运往了欧洲。

东方国度的大量财富吸引了来自欧洲各国的殖民者,到17世纪末,先后有葡萄牙、英国、荷兰、丹麦、法国在东半球的印度、印度尼西亚和马来西亚等地成立东印度公司。茶叶更是当时欧洲殖民者搜刮的重要货物,被带到欧洲后,成为欧洲各国皇室喜爱的贵族饮品。

❖ **古画中的宋朝斗茶**
斗茶始于唐末福建一带,到了宋代更加盛行,"斗茶"所用茶叶为饼茶,将研细后的茶末放在茶碗中调匀,然后徐徐注入沸水,以茶筅击拂,使茶汤泡沫均匀,从茶汤、泡沫的颜色和茶叶的香气、滋味来评比高低。斗茶促进了当时制茶技术的提高和饮茶方式的完善。

❖ **清明上河图中喝茶的场景**
宋代,茶与文化(诗、书、画、歌)的融合特别突出,几乎所有的诗人都写过咏茶诗歌;几乎所有的画家都画过茶事的作品,如反映当时首都汴京临河的茶馆景象的《清明上河图》、宋徽宗赵佶反映斗茶场面的《文会图》、描绘卢仝饮茶的《卢仝烹茶图》等。

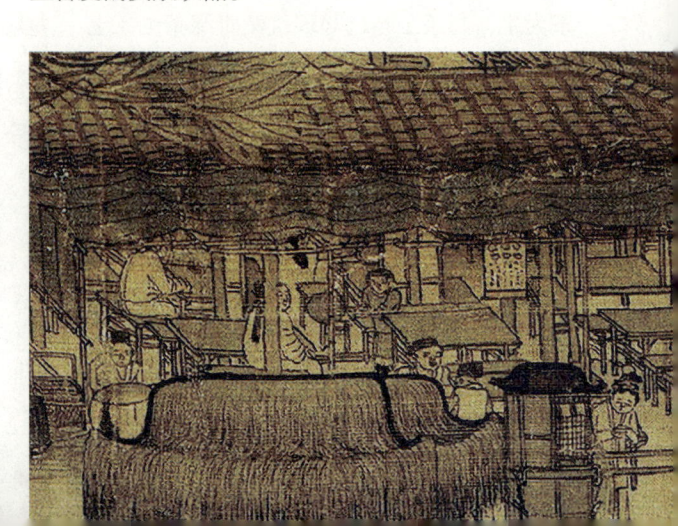

葡萄牙公主引爆英国贵族时尚圈

16世纪中期，葡萄牙人第一次在澳门定居，从此茶叶便更加顺利地被运往欧洲。1662年，葡萄牙国王若昂四世之女凯瑟琳公主嫁给了英国国王查理二世，其随身的嫁妆除了金银珠宝之外，还有大量的茶叶，凯瑟琳公主与查理二世联姻之后，迅速成为英国人关注的焦点，她的穿着打扮、生活喜好都成了当时英国人模仿的典范，而凯瑟琳公主有个习惯，她每天都要饮茶，因此，在凯瑟琳公主的带动下，饮茶成为当时英国贵族圈的时尚。

到18世纪，茶叶受到英国各个阶层的追捧，成为全国性的新型饮品，逐渐取代了杜松子酒，成为英国人最喜爱的饮料。1795年，英国东印度公司依靠武力开始控制全球茶叶贸易。当时，中国出产的茶叶、丝绸、瓷器等产品是欧洲市场上的奢侈品、时兴货。仅是英国，每年平均从中国购买茶叶数千万斤，值白银几百万两，而运到中国的洋布、钟表总值尚不足以抵消茶叶一项。

波士顿倾茶事件

18世纪，英国成为北美大部分土地的拥有者，长期对殖民地进行剥削，对北美殖民地经济的发展起到严重阻碍作用，为了对抗英国的经济政策，北美人民奋起抗争。

葡萄牙国王若昂四世之女凯瑟琳远嫁英国国王查理二世后，除了为查理二世带来了大量的财富，还带来了在葡萄牙已经流行开的中国茶叶。

❖ 查理二世与他的妻子凯瑟琳王后

❖ 荷兰东印度公司徽

❖ 英国东印度公司徽

❖ 法国东印度公司徽

从 18 世纪上半叶开始，英国调整进口关税为进口价格的 53%，而到了 1783 年，涨到了 114%，这导致走私猖獗。同时，为了控制东方贸易以及北美殖民地，英国大量消耗国库。为了弥补国库空虚，英国对北美殖民地大肆增加税收，导致北美人民的反抗。1770 年 3 月 5 日，波士顿发生了冲突，暴乱之中，英国部队开枪射击，导致 5 人死亡，6 人受伤，这个事件被称为"波士顿屠杀"。

一波未平，一波又起。18 世纪，茶叶走私淹没了英伦群岛，其数量巨大。走私成为中国和欧洲之间茶叶贸易的一大动力。18 世纪 80 年代，茶叶走私威胁到了整个英国经济，使英

国外最早提到茶叶的记述是 1545 年意大利人赖麦锡的《航海记集成》。赖麦锡（1485—1557 年）是一位意大利地理学者，生于特雷维佐，纂有《游记丛书》，其中所收《马可·波罗行纪》为此行纪主要传本之一。

1517 年，葡萄牙的一支船队在我国广东靠岸，从而促进了我国与西方之间的贸易。当时正是我国明朝时期，葡萄牙人在我国沿海建立了一个机构。当时的明王朝把茶叶当作主要的出口商品。

❖ 波士顿屠杀

国本土大量积压的茶叶无法销售出去。1773年,英国国王乔治三世为了帮助财政困难的英国东印度公司,对殖民地大肆增加税收,并颁布实施了新的税法——《茶税法》。

英国东印度公司因此垄断了北美殖民地的茶叶运销,其输入的茶叶价格较"私茶"便宜50%(人们饮用的私茶占消费量的9/10),打压了北美本土的茶叶销售,导致本地的茶叶商人无法生存。因此,北美殖民地人民非常反感《茶税法》。运往北美的纽约和费城的茶叶,被当地茶商拒绝接受,这些运茶船只能停靠在波士顿港口,要么返回英国,要么只能等待茶叶慢慢腐烂,波士顿总督亨特希森几次下令驱逐他们回英国,但是这些船只迟迟不愿离开,而当地人担心这些运茶船会悄悄登陆,影响到当地的茶叶生意。于是1773年12月16日,伪装成印度人的"自由之子"涌上3艘载满茶叶的船只,并将茶叶倾倒在港口,发生了"波士顿倾茶事件"。

一位美国殖民者正在阅读英国针对殖民地的《茶税法》,在公布栏一旁有一名手持步枪的英国士兵。

❖ 公布《茶税法》

❖ 英国国王乔治三世

1760年，乔治三世登上了英国王位宝座，他继承了13个最富庶的美洲殖民地，这些地方是英国海外人口的聚集地，也是英国税收的主要来源地。

此事件后，1774年9月5日，第一次美洲"大陆会议"召开，从而加速了美洲独立的进程。

英国《经济学人》杂志的科技编辑汤姆·斯坦奇在《六个玻璃杯中的世界历史》中认为，世界史可以包含在"六个玻璃杯"之中，"六个玻璃杯"就是6种饮料——啤酒、葡萄酒、烈性酒、咖啡、茶和可乐，而仅茶"这一个玻璃杯"就可以观察中国以及世界的大部分历史。

清朝时，欧洲人越来越多地使用墨西哥银元购买我国的茶叶，白银涌入中国，造成了这种金属的快速贬值。茶因此更为昂贵（要求更多的白银以满足我国的茶价）。欧洲和美洲商人通过一种商品的买卖以解决不断上涨的茶叶开支费用。这种商品同样很值钱，但在我国却是非法的，那就是鸦片。

17世纪，茶被引入欧洲时，当时医生们认为茶有很多功效，《医药观察》里写道："没有一种植物可以和茶相媲美。人们之所以饮茶完全是出于一个原因：远离疾病侵害，延年益寿。茶不仅能让你精力充沛，还能免于尿砂症、胆结石、头痛、感冒、眼炎、黏膜炎、哮喘、胃部蠕动乏力、肠道疾病。它的另一个优点是抵挡困意，让人在夜间保持清醒。这对喜欢在夜间写作或思考问题的人来说不啻是一个莫大的福音。"

18世纪中期，欧洲盛行咖啡的时候，英国和美国还是忠于饮茶。茶叶是英国向其殖民地销售的一种相对廉价的消耗品。作为英国的殖民地，北美最初以饮茶为主，在电影《被解救的姜戈》中，庄园主喝的也都是茶。1773年时，英国国王乔治三世为了摆脱身上背负的债务，转身对当时的美国殖民地波士顿地区增加赋税，征收茶税。北美人们愤怒地潜入商船，把船上所有的茶叶都扔进了大海中，"波士顿倾茶事件"之后北美人开始转而饮用咖啡。

❖ 波士顿港口倾茶

辣椒

被哥伦布发现的"冒牌胡椒"

哥伦布到达美洲的巴哈马群岛后,以为到达了传说中遍地黄金、香料的印度,他们搜寻了岛上的各个角落,并没发现黄金,却发现了辣椒,不过他们错误地把辣椒当成此行要寻找的香料之———胡椒。哥伦布将辣椒与其他战利品一起带回了西班牙,从此,辣椒因独特的味道而传遍了全世界。

如果说要选一种世界通行的调料植物,大概非辣椒莫属了。从我国的菜肴到东南亚的咖喱,从美式汉堡到海鲜蘸料,再到墨西哥卷饼中的馅料,辣椒的身影无处不在。

人类吃辣椒的历史有近8000年,它原产于南美洲的亚马逊热带丛林中,和番茄有着共同的祖先,后来被墨西哥的印第安人种植。哥伦布的船队到达美洲后,在探索巴哈马群岛时发现了它,虽然辣椒和胡椒长得不像,但味道上都带有辣味,哥伦布认为找到了胡椒的不同品种,在返航的时候将辣椒带回欧洲,然而,欧洲人认为它并不是香料,不过它因为独有的味道,短短几十年时间就传遍了欧洲地区,并且有了一个英文名字"Pepper"。

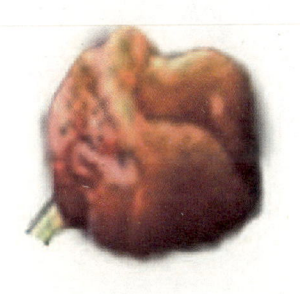

❖ 辣椒

哥伦布是辣椒名称混乱的始作俑者,后人又沿袭他的错误,甚至影响到多个语种。英文"Red pepper"和"Hot pepper"中的"pepper"也混淆了胡椒与辣椒。而英文"Chili"则出自墨西哥的纳瓦特尔语,由此衍生西班牙词汇"Chile",接着又转变为美式英语中的"Chili"。

印度是消费辣椒最多的国家,辣椒被赋予了神奇的效力。在印度南部,人们习惯在房门外挂几个辣椒与柠檬来避邪。

❖ 世界上最辣的辣椒:龙息

卡罗来纳死神辣椒曾经以220万单位的辣度位居世界第一,还获得了吉尼斯世界纪录,但那已经是历史了。英国果农迈克·史密斯培育出了新的辣椒冠军——龙息,据专家称,这种辣椒嚼一口,就有导致休克和死亡的风险。

❖ 哥伦布在新大陆

风靡全球的辣椒传入我国的时间并不长

明朝末年，辣椒由菲律宾经过马六甲海峡，进入我国沿海地区，所以说中国人吃辣椒的历史不过400多年。最先开始食用辣椒的是贵州人。清朝康熙年间，黔地严重缺盐，辣椒起了代盐的作用，被当地民众所接受。毗邻贵州的蜀地食用辣椒则是道光以后，因为雍正及嘉庆年间的《四川通志》都没有种植和食用辣椒的记载。到光绪时期，辣椒才成为川菜中主要的香料之一。也就是说，200年前的川菜只有花椒，是麻而无辣，而如今"麻辣"早已成为川菜的符号。

后来，随着葡萄牙航海家达·伽马开拓印度航线，欧洲殖民者开始在东方出现，辣椒也被葡萄牙人带到了印度，以至于16世纪时，还有德国人以为辣椒是印度的特产，将它称为"印度辣椒"，即"Indian pepper"。

辣椒是在明朝晚期从美洲传入我国的，当时只是作为一种观赏作物，被称为"番椒"。我国早在《诗经》中就记载了"椒"这种东西，《诗经·周颂》中云："有椒其馨，胡考之宁"，历史上又称川椒、汉椒、巴椒、秦椒、蜀椒等。辣椒传入我国后，由于它远比一般的椒更辣，因此得名。我国最早普遍吃辣椒的地区是贵州，由于贵州不产盐，人们吃辣椒是为了代替盐。

总的来说，辣椒能传遍全世界，和航海是密切相关的。

胡椒

中世纪通行全世界的"硬通货"

相传，胡椒是张骞在出使西域时带回中国的。古时候的中国人有个习惯，就是给西方或者北方传进来的东西起名时常让它们姓"胡"。又因为这种东西有与辣椒、花椒一样的特点，都带有刺激性气味，于是就有了"胡椒"这个名字。

胡椒又名昧履支、披垒、坡洼热等，是一种攀援植物，茎、枝无毛，节显著膨大，常生小根，附着于刺桐树，生长于荫蔽的树林中，如今的胡椒价格很便宜，但它凭借独特的芳香，在历史上曾被欧洲贵族们追捧为"黑色黄金"，甚至曾经影响整个中世纪欧洲的历史。

罗马人将吃胡椒的习惯传遍了整个欧洲

胡椒原产于印度，自史前时代便被当作香料使用。早在公元前3000年就被古印度人用在烹饪中，公元前4世纪的印度史诗《摩诃婆罗多》中记载了人们在节日里在肉上撒胡椒后食用的方法。

胡椒最早被阿拉伯人从印度贩卖到希腊，它不仅是一种香料，还被吹嘘成神药。据希腊古籍中记载，雅典人把胡椒作为药品使用，且价格非常昂贵。

胡椒传入希腊之后，很快就传到了罗马，罗马人对这种奇特的香料爱不释手，而且疯狂地迷恋上了它，仅古罗马烹饪书籍《关于烹饪的艺术》中记录的500种左右的食谱中，就有482种食谱要用到胡椒。罗马人不惜重金从阿拉伯人手中收购胡椒，而阿拉伯人为了垄断胡椒生意，编造了许多关于胡椒的奇幻故事，比如，胡椒只能生长在由龙看守的瀑布下面，以误导企图参与胡椒贸易的竞争者。即便是这样，罗马人除了向阿拉伯人购买胡椒外，也曾直接去往印度

❖ 胡椒

在中世纪的欧洲，胡椒几乎可以和黄金等值，一个人作长途旅行，可以携带金币，也可以携带胡椒，钱花完了，用胡椒付账，说不定也是可以的。当时欧洲的有钱人被称为"胡椒袋子"，穷人则被人轻蔑地形容为"他没有胡椒"。可见胡椒多么的风靡。因此，哥伦布在美洲发现辣椒时很兴奋，以为发现了胡椒的另一个品种，会给西班牙王室带来财富，没想到结果并不理想。

❖ 黑胡椒粉、白胡椒粉、绿胡椒粉

黑胡椒、白胡椒、绿胡椒等都是来自同样一种藤蔓，只是采摘与制作工艺不同而形成的不同胡椒。

如今，胡椒的全球年产量高达 2.9 亿千克。特别是越南，早已超越历史上所有的胡椒产地，成为全球胡椒产量最大国，约占全世界胡椒产量的 30%。

玄奘（602—664 年），唐代高僧，我国汉传佛教四大佛经翻译家之一，中国汉传佛教唯识宗创始人。如今公认胡椒最早是由张骞出使西域带回国内的，但是也有学者认为是玄奘西行时带回国内的。

❖ 玄奘

（只是很少罗马人能到达）寻找胡椒，印度古籍中记载："罗马商人来时带着黄金，走时带着胡椒。"

后来，随着罗马帝国崛起，罗马军团的铁骑又把食用胡椒的嗜好从罗马传遍了整个欧洲。

胡椒掩盖食物变质的气味

欧洲的畜牧业自古就很发达，但是因为气候问题，导致肉类食物很难被保存，在还没有出现冰箱、冰柜等冷藏技术的年代，肉类食物变质是个让人很头疼的问题，在当时，除了用盐腌制外，没有更好的办法，而胡椒能改善、掩盖肉类变质后的气味，让食物变得美味，因此成为欧洲人的宠儿。

胡椒价格堪比黄金

公元 408 年，西哥特人入侵罗马，重兵围困罗马城，西哥特人首领阿拉里克向罗马人索取黄金与胡椒，被拒后，直接强行攻入罗马城，战败的罗马人在向阿拉里克赔偿了大量的黄金、白银、丝绸之外，还有 3000 磅胡椒，可见胡椒在当时的价值。

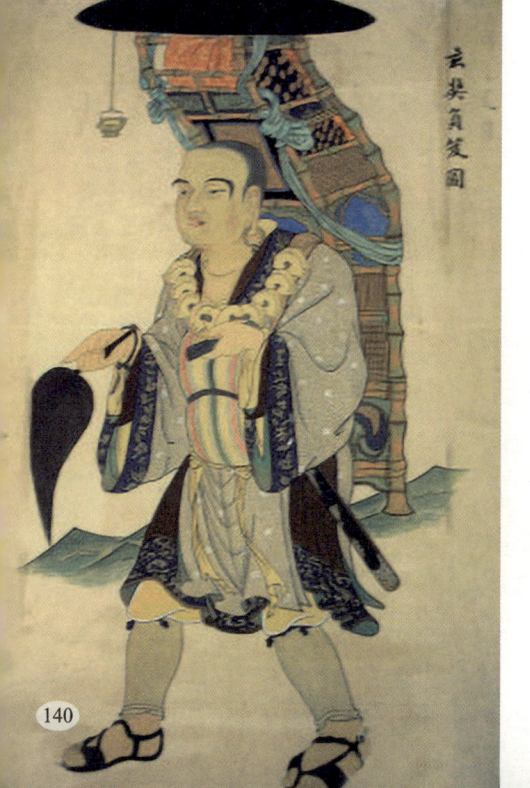

❖ 波斯商人

7世纪，阿拉伯人封锁了欧洲通往东方的商路，控制了胡椒贸易，阿拉伯人从印度将胡椒贩卖到埃及，然后再由当时的海洋贸易国威尼斯、比萨、热那亚等分销到欧洲各地，几经转手，才能到达消费者的手里。高昂的运费加上中间商层层加价，使胡椒的价格贵得离谱，因而只能成为欧洲上层社会的奢侈品，甚至是身份的象征。

另有一种说法认为胡椒的原产地为缅甸和阿萨姆，先传入了印度以及印度尼西亚，然后又由印度传入波斯，再由波斯与檀香木、药材等一起转运到中世纪的欧洲各地。

❖ 贩卖香料

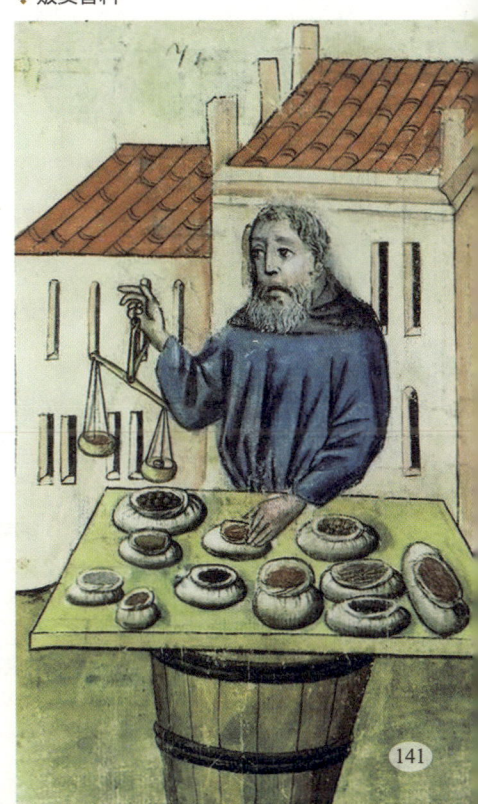

胡椒贵得买不起

随着阿拉伯帝国势力不断壮大，并不可阻挡地向北方和西方推进，公元638年，阿拉伯帝国军队占领了圣地耶路撒冷。到8世纪30年代，阿拉伯帝国军队已经控制了欧洲西面，大量的基督徒和教会以及大地主的土地被阿拉伯人控制。

作为当时最贵重的商品之一，胡椒的价格一度与黄金相当。现在英语中的"Spice"（香料）一词来自拉丁语"Species"，在当时常用来指代贵重但量小的物品。

现代医药研究表明，胡椒含有胡椒碱、胡椒脂碱、胡椒新碱等多种物质，可用于治疗胃寒呕吐、腹痛泄泻、食欲不振、癫痫痰多等病症。其果实中含有酰胺类物质，也具有很好的杀虫功效。

随着战事推进，胡椒在欧洲变得越发紧俏，阿拉伯商人更是肆无忌惮地涨价，甚至涨到了连有钱人都买不起的地步，为了改善肉类口味，在这段时间内，欧洲人不得不用洋葱、大蒜等代替胡椒，这让欧洲人，尤其是欧洲贵族都无法忍受。

威尼斯商人使胡椒更加尊贵

高昂的胡椒价格使欧洲人不堪重负，公元 10 世纪，威尼斯商人绕过阿拉伯人，直接到达印度并带回了胡椒。从此，威尼斯商人便成了整个欧洲最大的香料供货商，为了更好地控制与垄断胡椒贸易，威尼斯商人称胡椒为"天堂的种子"，编造出"胡椒是从天上摘下来的"神话，使胡椒在欧洲变得神秘莫测，更被欧洲贵族追捧，这让胡椒披上了"具有贵族高贵气质"的外衣。

在当时的欧洲，如果贵族不能随手从口袋中掏出几粒胡椒，都不好意思说自己有钱；人们只要带几粒胡椒，就可以在饭店冲抵饭钱、车费、旅馆费等；胡椒还可以用来购置土地、办嫁妆，甚至买下一座城市；还可以用胡椒冲抵税收、抵罪责等。

十字军东征的因素之一

虽然威尼斯打破了阿拉伯帝国对东方贸易的封锁，但是却因为垄断，加上商路不畅通，使欧洲的胡椒价格越发昂贵，这对之后不久的十字军东征起到了刺激作用，成为十字军东征的因素之一。

公元 1095 年，教皇乌尔班二世以上帝代理人的身份，在法国南部的克莱蒙召开了一次宗教会议，在他激情澎湃的演说里，有这样一段话："我们这里到处都是贫困、饥饿和忧

❖ **胡椒研磨器**
在西餐厅桌上或西方人的厨房中，人们常常能看到胡椒研磨器装着的胡椒粒，而非中国人常用的胡椒粉。这是因为胡椒中的风味物质和营养物质很容易挥发和氧化，最好吃的胡椒粉还是要现磨的。

胡椒属约有 2000 种，主要产于热带地区。我国有 60 余种，都在南部热带省区。

❖ **霍克森胡椒瓶**
霍克森胡椒瓶现藏于大英博物馆，是 1992 年出土于英格兰萨福克郡的一个银制胡椒罐，是一尊半身雕像，挂着长耳环，盘着发髻。底部有精巧机关，控制胡椒的倒出量。霍克森胡椒瓶为公元 350—400 年的物品，当时的英格兰处于罗马帝国的统治之下。胡椒作为香料，是极为名贵的物品，由此可知，物品的主人应该是一位罗马贵族。

◆ **动画片中的胡椒贸易场景**
动画片《狼与香辛料》中的贸易商是用小天平一粒粒称胡椒的。

愁，连续七年的荒年，到处都是凄惨的景象，老人几乎死光了，木匠们不停地钉着棺材，母亲们悲痛欲绝地抱着孩子的尸体。东方是那么的富有，金子、香料、胡椒俯身可拾，我们为什么还要在这里坐以待毙呢？"

这次著名的演讲拉开了第一次十字军东征的序幕，为了东方的财富和俯身可拾的胡椒，众多欧洲贵族、骑士踊跃投身于十字军东征的队伍中。

为了香料，威尼斯与奥斯曼帝国作战

十字军东征持续了将近200年，欧洲人从东方带回了大量的财富，其中包括胡椒，缓解了欧洲对胡椒的需求压力，但是十字军东征也加剧了伊斯兰教与基督教之间的矛盾，后来随着奥斯曼帝国崛起，从伊朗到巴尔干半岛，以及埃及，都在奥斯曼帝国的疆土范围之内，奥斯曼帝国成为一个横跨亚、欧、非三大洲的强大帝国。

奥斯曼帝国首先切断了欧洲人去东方寻找香料的道路，胡椒的价格再次一路飞涨，飙到了让人无法想象的高度，让胡椒差点儿在欧洲绝迹了。

欧洲人会为胡椒而厮杀，甚至不惜抛弃生命和灵魂，所以"他没有胡椒"这句话在中世纪的欧洲常用来形容一个无足轻重的小人物。

中世纪，一个勃艮第的农奴若想获得自由，必须向当地的修道院院长缴纳1磅胡椒。

1499年，荷兰人为了抢夺西班牙人从印度带回来的胡椒，发生了一场大海战，数以千计的人在争夺胡椒的战斗中丧生。

英国眼红荷兰与西班牙对东方贸易的控制，1651年英国发布了所谓的《航海条例》：凡是进入英国的货品，必须由该产品生产国或英国的船来运送！

◆ **威尼斯运送十字军的船只——油画**

当时，欧洲最大的胡椒商就是威尼斯，奥斯曼帝国控制了胡椒，就等于与威尼斯过不去，为了保护自己的利益，威尼斯和奥斯曼帝国在地中海展开了激烈的争夺，结果威尼斯将靠贸易聚集的几百年的财富消耗殆尽，而奥斯曼帝国也被威尼斯搞得筋疲力尽。

大航海时代开启，胡椒垄断被打破

威尼斯与奥斯曼帝国之间一直打打停停，由于时局动荡造成香料价格波动很大，1担胡椒的价格曾最高达到100杜卡特，不过威尼斯人凭借稳妥的贸易路线，依旧能很快地将1担胡椒的价格稳定在62杜卡特左右。

就在威尼斯与奥斯曼帝国的纷争还未停息之际，葡萄牙航海家达·伽马发现印度，哥伦布则帮西班牙发现了新大陆，大航海时代开启，葡萄牙、西班牙、荷兰相继崛起，它们通过武力涉足海洋贸易，直接从源头控制了香料贸易。

奥斯曼帝国和威尼斯对东西方贸易的垄断被打破了，欧洲的香料价格也开始逐渐下降。

胡椒价格虽然下降了，但是依旧很贵

东方新航线的开通恢复了被奥斯曼帝国截断的东西方贸易路线，但是毕竟路途遥远，运费高昂，即便是在东方便宜的胡椒，加上运费，到了欧洲也变得昂贵了起来。

17世纪，欧洲人还在为胡椒杀来杀去，随着地理大发现的推进，欧洲各国用武力纷纷在海外开辟殖民地，胡椒与各种经济作物，如咖啡、甘蔗、烟草等一起，成为殖民地的热门农作物，开始在美洲、印度、东南亚等地种植，欧洲的胡椒价格从此直线下降，变为一种寻常的调味品。

❖ 杜卡特金币

杜卡特金币也称杜卡币、泽西诺币或西昆币，是威尼斯于1284—1840年铸造的金币。

浮雕上的船是达·伽马的旗舰"圣加布里埃尔"号，它是一艘卡拉克型大帆船，曾载着达·伽马到达东方世界。

❖ 达·伽马墓上的帆船浮雕

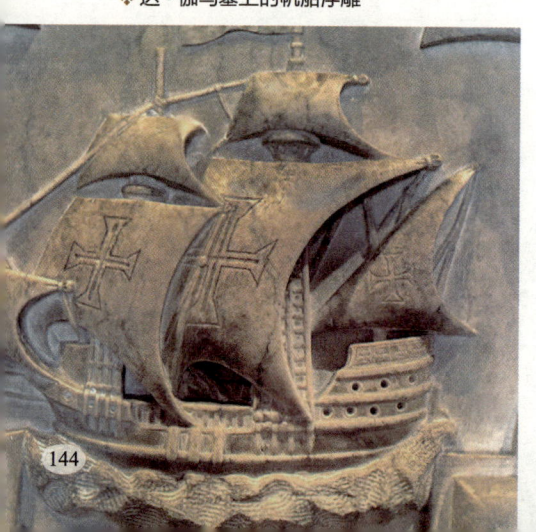

❖ 张骞出使西域浮雕

张骞（公元前164—前114年），字子文，汉中郡城固（今陕西省汉中市城固县）人，中国汉代杰出的外交家、旅行家、探险家，丝绸之路的开拓者。

张骞让中国人第一次知道了胡椒

在胡椒、辣椒传入中国之前，中国人对辣味的认识是以"辛"来表达的。花椒、姜、茱萸是民间使用的主要辛辣味调料，称为"三香"。《吕氏春秋》中载："调和之事，必以甘酸苦辛咸。"

根据历史上的记载，汉朝张骞奉汉武帝之命出使西域，沿途经过了很多国家，他将中原文明传播至西域，又从西域诸国引进了汗血马、葡萄、苜蓿、石榴、胡麻等物种。此外，在返回长安的时候，张骞还带回了少许的胡椒颗粒，但是却没有带回胡椒的种植方法。张骞出使西域促进了文明的交流，也第一次让中国人知道了胡椒。

唐朝时，胡椒的价格很高，被视为珍稀药物，很多达官贵人都会在家里收藏胡椒，就和收藏财宝一样，是当时的硬通货。唐朝宰相元载自恃有功，专权跋扈，独揽朝政，被唐代宗赐死后，从他家里竟然抄出800担胡椒。

明朝中后期之前胡椒一直是奢侈品

胡椒在中世纪席卷了整个欧洲，成为贵族的专属物，而胡椒进入中国后，起初同样是一种奢侈品。

汉朝时还没有海运，进口胡椒只能通过陆上丝绸之路，路途遥远且凶险，有"关山万里，九死一生"之说，运输成本很高，所以胡椒刚进入中国时非常贵重。后来，虽然胡椒

我国史料中最早记载胡椒的是西晋时期司马彪撰写的《续汉书》，其中写道："天竺国出石蜜、胡椒、黑盐。"足可以证明晋朝已经认识到胡椒的存在。

的种植技术也被引进到了中国,但是胡椒只能在南方的几个地区种植,加上种植技术落后,所以胡椒的产量很有限。据记载,北宋时,全国只有广州种植胡椒,每年产量不到百斤。因此,在明朝中后期之前,胡椒的主要来源还是从东南亚交易,包括越南、菲律宾、马来西亚、印度尼西亚等地,是昂贵的奢侈品,只有皇室以及王公大臣、富商巨贾才用得起。明朝中后期,由于胡椒的种植面积扩大,加上海上贸易兴起,胡椒被大量运入国内,开始出现在普通民众的餐桌之上。

成为真正的调味品

从汉朝时的高不可攀,到明末走上百姓的餐桌;从达·伽马开启欧洲到印度的航线,到葡萄牙、西班牙、英国、荷兰相继在东南亚建立殖民地,胡椒的流通过程见证了它从不平凡到平凡,同时也见证了欧洲殖民帝国的血腥之路。

今天,胡椒已走下神坛,在世界各地广泛种植,越南、印度、中国、印度尼西亚和马来西亚等国均成为重要产地。人们往食物里加大把胡椒的年代逐渐过去,而新兴的咖啡与烟草等成功地替代了胡椒,成为时尚的代表,胡椒彻底被时代的脚步抛在了身后,真正成为餐桌上的一种普通的调味品。

西晋张华的《博物志》中有关于胡椒酒的记载:"以好春酒五升,干姜一两,胡椒七十枚,皆捣末;好姜安石榴五枚,押取汁。皆以姜、椒末及安石榴汁,悉内著酒中,火暖取温,亦可冷饮,亦可热饮之。"民间通常在岁朝时才会饮用胡椒酒。在西晋时,百姓使用胡椒已经成为传统。

明朝中期之前,胡椒是身份及有品位的生活的象征,东方的清雅之士,如士人或富豪出门,身上都要沾些雅尝胡椒后留下的香味。如今一些阿拉伯国家的王子们据说身上会喷类似胡椒的香水,却不知千年前的中国人已过上这种有品质的生活。

伏尔泰说:"自 1500 年后,在印度取得的胡椒没有'未被血染红的'。"

15 世纪,曾率世界最强大舰队七下西洋的郑和,也"多次造访胡椒港",并带回同样被朝廷视为珍品的胡椒。

加减符号

源自船员记录淡水情况

加、减对今天的人们来说非常容易理解，人类历史上计数的方式从掰手指到结绳，再到契筹、算筹、算盘……经历了漫长的过程，直到中世纪，威尼斯商人为了便于工作才发明了加减符号。

加、减（＋、－）等数学符号是我们每一个人最熟悉的符号，不仅在数学中离不开它们，而且每个人在日常生活中也都离不开它们，它们看起来是那么的简单，但一直到人们懂得计算之后的几千年后才被创造出来。

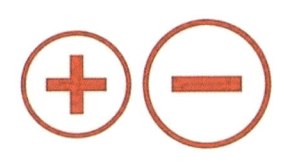

❖ 加减符号

远古的计算方式

自从人类社会开始形成，人们就不可避免地要和数字打交道，在茹毛饮血的原始社会，狩猎、采集野果是人类赖以生存的手段，用以计数的最佳方法就是掰手指，随着社会的进步，开始出现了结绳计数，通过绳结的增减来做简单的加、减法计算，结绳不仅可以计数，还可以记事，汉朝郑玄的《周易注》中记载："古者无文字，结绳为约，事大，大结其绳，事小，小结其绳。"

除结绳外，在木头或竹片上刻痕或符号也是一种常用的计数方法。我国古代名著《周易·系辞》上就有"上古结绳而治，后世圣人易之以书契"的记载。书契其实就是一种刻痕，它们在文字出现之前就已经广泛地使用了。

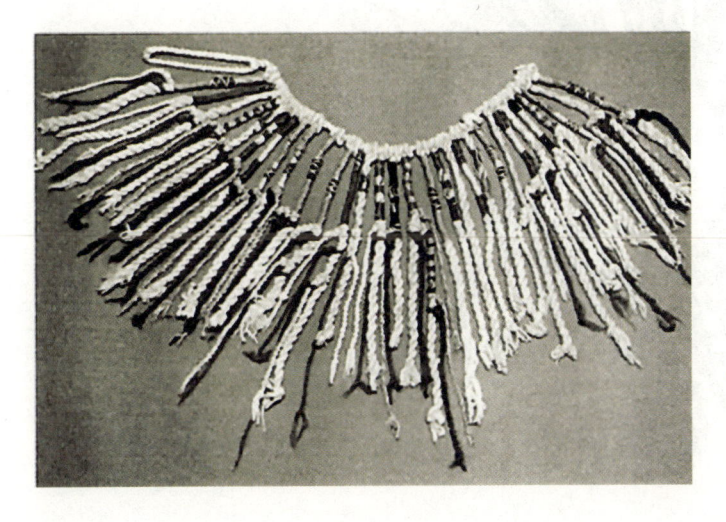

❖ 结绳计数

1~10，古人的结绳方法。结绳是祖先留给我们的一笔丰富遗产，方法多种多样。

❖ 原始的契刻

1960年，在刚果发现的一根狒狒腓骨，距今约两万多年，上面密密麻麻的刻痕被部分学者认为是原始的计数。

中国古人的智慧

随着人类社会的发展，简单的结绳已经无法满足计算需要了，相对复杂的计算出现了，比结绳记数稍晚一些，古代的先民又发明了用契刻记数的方法，即在骨片、木片或竹片上做上标记或刻痕，以此来表示数目的多少。汉朝刘熙在《释名释书契》中说："契，刻也，刻识其数也。"说明契刻的目的主要是用来记录数目。但是运算符号并没有随着运算

❖ 藏于巴黎的秘鲁的印第安人结绳法

生活在秘鲁的印第安人过去曾广泛使用结绳的方法来记事。他们用一根粗绳子作主绳，在上面系上各种颜色不同的辅绳来代表不同的事物，同时又在绳子上打不同的结来代表不同的数字，以达到记事和记数的目的。目前，世界上仍有个别没有文字的民族还使用这种原始的方法。

的产生而立即出现。到了周朝，人们发明了算筹，就是用竹、木、象牙、金属等或骨做成小棍，大约二百七十几枚为一束，放在一个布袋里，系在腰部随身携带。需要计数和计算的时候，就把它们取出来，放在桌上、炕上或地上都能摆弄。总之，对古人来说，计算是非常复杂的。后来，在春秋时期已普遍使用的算筹逐渐演变出计算工具算盘，这解决了人们绝大部分繁杂的计算，但是直至此时，依旧没有计算符号。

❖ 殷墟时期的契刻

阿拉伯数字的力量

西方国家很早就采用了阿拉伯数字，所以他们的计算比中国要简化很多。

公元3世纪，古印度的一位科学家巴格达发明了阿拉伯数字。最早的计算数目大约到3，为了要设想"4"这个数字，就必须把2和2加起来，5是2加2加1，3这个数字是通过2加1得来的。公元6世纪，印度出现了用单词的缩写作运算符号，其中减法是在减数上画一点表示。

❖ 最早的阿拉伯数字

阿拉伯数字并不是阿拉伯人发明创造的，而是发源于古印度，后来被阿拉伯人用于经商而掌握，经改进传到了西方。西方人由于首先接触到阿拉伯人使用这些数字，便误以为是他们发明的，所以便将这些数字称为阿拉伯数字，造成了这一历史的误会。

❖ 古埃及数字

公元前3000年，古埃及便开始有数字的发明，从最简单的一到十、百、千、万都有一定的写法。和象形文字相似，古埃及人用各种各样的符号和图形来代表各个数字，因此，这套古老的数字书写系统被人们称为"象形数字"，虽然从很多方面来看，这样的数字书写烦琐而原始，但其中的原理和思想也不乏简洁与优美。

❖ 祖冲之

中国古代数学家祖冲之就是用算筹计算出圆周率在 3.1415926~3.1415927 之间。这一结果比西方早 1000 年。

据史料推测，算筹最晚出现在春秋晚期或战国初年（公元前 722—前 221 年），一直到算盘发明推广之前都是中国最重要的计算工具。

刘洪，字元卓，东汉泰山郡蒙阴县（今山东省临沂市蒙阴县）人，东汉鲁王刘兴后裔，是我国古代杰出的天文学家和数学家，珠算发明者和月球运动不均匀性理论发现者，被后世尊为"算圣"。

❖ 刘洪

大约公元 700 年，阿拉伯人征服了印度北部地区，从此，这些数字便被引入并在整个阿拉伯地区传播。后来，随着地跨亚、非、欧三洲的阿拉伯帝国崛起，它在向四周扩张的同时，也将阿拉伯数字（印度数字）传到欧洲，之后再经欧洲人将其现代化。

在阿拉伯数字传入欧洲之前，欧洲虽然已有数字，甚至在公元 3 世纪，希腊就出现了减号"↑"（没有加法符号），但是，欧洲的数字不及阿拉伯数字书写便捷，所以很快，阿拉伯数字就成为欧洲人使用的主流数字，在使用过程中，欧洲人又用拉丁字母的 P（Plus 的第一个字母）表示加，用 M（Minus）表示减。至此，始终没有出现"+""–"符号。

威尼斯商人的智慧

不管是之前的数字，还是最新的阿拉伯数字，在中世纪的普通欧洲人看来，都是非常复杂的，更何况是计算，哪怕是简单的加减法计算都是很不容易的，更何况要记录下这些计算。

不过，劳动人民的智慧往往总是超乎寻常人，众多数学家都无法解决的问题，却被几个商人轻而易举地解决了。

10 世纪末，威尼斯共和国崛起，并牢牢地控制着地中海贸易，威尼斯商人的商船几乎遍及地中海沿岸的所有地区，威尼斯商人的商船每到一处，都会让码头工人补充淡水，但是有时淡水舱内并不缺水，再加水就会溢出，因此，威尼斯商人会在淡水舱的加水口画上"–"表示缺水，且在"–"后面写

❖ **玛雅数字**

玛雅数字是玛雅文明所使用的二十进制记数系统。玛雅人使用一点、一横与一个代表零的贝形符号来表示数字。玛雅数字中的"0"不仅在世界各古代文明中的数字写法中别具一格，而且从时间上看，它的发明与使用比亚非古文明中最先使用"0"这个符号的印度数字还要早一些，比欧洲人大约早了800年，因而使向来以学识之先进而自豪的西方人大为震惊。

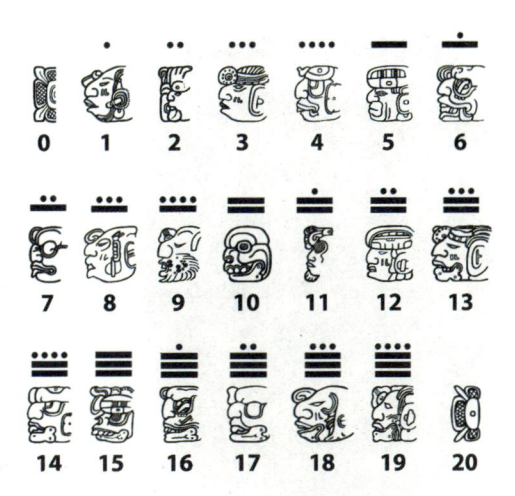

上阿拉伯数字，表示缺多少。码头工人看到"−"就会主动加水，然后再加上一竖成"+"，表示已经加满了。

威尼斯商人设计的这种方法，后来被数学家们用到了具体的数学计算上。1489年，德国数学家魏德曼在他的著作中首先使用"+""−"表示剩余和不足；1514年，荷兰数学家赫克把它用作代数运算符号。后来，经过法国数学家韦达的宣传和提倡，加减符号开始普及，一直到1630年才得到人们的公认。

> 阿拉伯数字传入我国的时间是13—14世纪。由于我国古代有一种数字叫"算筹"，写起来比较方便，所以阿拉伯数字当时在我国没有得到及时的推广运用。20世纪初，随着我国对外国数学成就的吸收和引进，阿拉伯数字才开始在我国慢慢使用，阿拉伯数字在我国推广使用只有100多年的历史。

❖ **繁忙的威尼斯商船**

除了加减还有乘除

在日常计算中，除了需要使用加减之外，还有乘、除（×、÷）等数学符号，这些符号通过日常积累、研究，直到17世纪中叶才全部形成。

英国数学家威廉·奥特雷德在1631年出版的《数学之钥》中首创以符号"×"代表乘的这种记法。据说是由加法符号"+"变动而来，因为乘法运算是从相同数的连加运算发展而来的。后来，莱布尼兹认为"×"容易与"X"相混淆，建议用"·"表示乘号，这样，"·"也得到了承认。

除法符号"÷"是英国的瓦里斯最初使用的，后来在英国得到了推广。除的本意是分，符号"÷"中间的横线把上、下两部分分开，形象地表示了"分"。至此，四则运算符号齐备了，不过当时还远未达到被各国普遍采用的程度。

❖ 酒桶

关于"+""–"符号，另外的说法是：当时酒商在售出酒后，用横线标出酒桶里的存酒，而当桶里的酒又增加时，使用竖线把原来画的横线划掉。于是就出现用来表示减少的"–"和用来表示增加的"+"；还有说"+"号是由拉丁文"et"（和的意思）演变而来的；也有说是16世纪，意大利科学家塔塔里亚用意大利文"più"（加的意思）的第一个字母表示加，草为"μ"，最后都变成了"+"号。"–"号是从拉丁文"minus"（减的意思）演变来的，简写m，再省略掉字母，就成了"–"了。

戈特弗里德·威廉·莱布尼兹（1646—1716年），德国哲学家、数学家，历史上少见的通才，被誉为17世纪的亚里士多德。他是一名律师，经常往返于各大城镇，他许多的公式都是在颠簸的马车上完成的，他也自称具有男爵的贵族身份。

❖ 莱布尼兹

威廉·奥特雷德（1575—1660年），英国数学家，生于白金汉郡，卒于萨里，曾就读于剑桥大学国王学院，1600年获硕士学位，1603年被任命为牧师，5年后提任艾尔伯里教区的教区长，他花了大半生时间从事数学研究工作。

❖ 奥特雷德